越来越喜欢
　　现在的自己

韩卓 著

山东画报出版社
济南

果麦文化 出品

目录
CONTENTS

把爱自己变成一种习惯（孟非）… 001

放下执念，手里的球也许可以落下一两个（韩卓）… 005

01 把爱自己变成一种习惯

一键暂停自我否定 … 011

别再反复咀嚼那些坏情绪 … 015

早点从有毒的经历中走出来 … 019

学会快速摆脱抑郁情绪 … 026

"自我慈悲"让我们成为更好的自己 … 030

专业反抑郁指南 … 035

"回避型人格障碍"不是你的错 … 040

"冒名顶替综合征"不可怕 ... 046
别担心"社交牛杂症" ... 053
让你更快乐的"抱抱荷尔蒙" ... 057

02 现在就开始做更好的你

像运动员一样对抗压力 ... 063
激发自己的内驱力 ... 068
躺平不是对抗焦虑的唯一办法 ... 072
别让"替代性创伤"影响你的生活 ... 076
与自己的情绪和平相处 ... 080
要有拒绝别人的勇气 ... 083
不要在意"别人家的孩子" ... 087
告别身材焦虑 ... 092
打败贪食症 ... 097

03 让自己有更好的亲密关系

真爱你的人不需要讨好 ... 103
走出"我并不那么需要你"的困境 ... 107
不必复制父母的爱情 ... 111

回家过年心理指南 ... 115

不要被"焦虑型依恋"困扰 ... 120

别把最糟糕的脾气给最爱的人 ... 124

如何应对冷暴力 ... 128

怎样面对"恋爱脑" ... 132

如果爱得不到回应 ... 138

异地恋也没那么糟 ... 142

如何看待"恐恋""恐婚" ... 147

远离恋爱中的"暗黑三人格" ... 151

失恋了也没关系 ... 156

像爱最好的朋友一样爱自己 ... 161

后记：选择适合自己的心理咨询师 ... 165

把爱自己变成一种习惯

孟非

韩卓邀我给她的第一本书写序,我没有犹豫。

原因也很简单,这本书我可以算是"策划人"。

去年某天,看了本国外心理学著作,有些失望,跟韩卓吐槽,激起她写书的愿望,她说定要写出本好看的心理学书送给我。本书下印之前,我也因此没有悬念地成为第一位读者。书里写到的很多问题,我都不陌生,想必这些问题也困扰着现在的很多年轻人。

三十年前,还在学校那会儿,我读了人生中第一本心理学著作,奥地利心理学家阿德勒的《自卑与超越》。阿老师和韩老师一样,都是博士、教授,属于心理学专家。看阿老师的书,感觉是在上专业课,有种一边看书一边备考的感觉。而看韩老师的书,就松快了许多,更像是听好友娓娓而谈。

这也是韩卓比较神奇的地方，作为正儿八经的留美心理学博士、北师大心理学教授，看她的文字，听她说话，完全没有专家那味儿，只觉得是跟哥们儿、姐们儿聊天。

两年前我俩第一次聊天，就有这种感觉。当时我们要一起录一档节目，韩卓是节目特邀的心理学家。第一次网友见面，是在南京机场旁的录播间。韩卓是小我若干岁（具体数字应她要求就不透露了）的大连姑娘，我们有一见如故的感觉。

因为她当时在B站开始做心理学科普了，我就给她推荐了我在B站配音的"动物版非诚勿扰"《求偶游戏》。谁知这实诚姑娘录完当天的节目，一宿没睡，追完了全集。为了回馈粉丝，她再来南京时，我们把酒言欢。韩卓给我的印象，就是特别真实敞亮，充满激情又不失松弛感。她完全不会绷着，也不是象牙塔里不问世事的专家学者。我跟韩卓说，我还真没见过你这样的大学教授。

有时候我们从早上8点录节目到半夜。我俩在节目现场聊嗨了，把话题延展得很开，感觉很多观点都擦出了晶莹的火花，她也经常被我逗得笑得合不拢嘴，开心得像个无忧无虑的孩子。韩老师第一次让我觉得，心理学教授跟大众之间的距离，其实并不像大家以为的那样遥远。她虽然是教授，但不爱说教，她是两个孩子的妈妈，但也还是一位邻家女孩。

后来我们录了很多期节目，最近一看，总播放量超过3.6亿了，看来我俩一起合作的运气不错。希望我来作序，她来写信的这本书能惠及更多读者。正如她总跟我念叨的那样，积极地改变世界，哪怕只是一点点。

除情绪和心理健康外，韩卓也做亲密关系和原生家庭的研究，她说在国外读博时，经常在酝酿实验设计和撰写论文时看《非诚勿扰》来减压和启发灵感，她跟我说了很多从节目中得到的启发。

亲密关系和原生家庭都是心理学重点研究的领域，也是影响我们生活幸福指数的决定性因素。处理好和身边几个最亲近的人的关系，再能够自我悦纳，喜欢自己，是人生快乐幸福的基础。

如今大家常把各种各样的心理问题挂在嘴边，同时又觉得专门去找心理医生大费周章，有畏难情绪。其实在身边有一位好的"闺蜜"，可能就可以给你最贴心的心灵疗愈，何况这位闺蜜还是一位心理学教授。

我有一位研究传播学的朋友张红军教授，曾把心理状况好的人特点概括为：社交能力强，外向而愉快，不易陷入恐惧或伤感，对事业较投入，为人正直，富于同情心，能认识和激励自己和他人的情绪，无论是独处还是与许多人在一起时都能怡然自得。

这些很符合韩卓的特点，也是她在这本书中希望传递给大家的。

很多人回忆起青春岁月，都觉得特别纯真、美好，但其实人的年轻时光也很残酷，有时候，一个岔路口就决定了接下来全部的人生。我在年少时也经历过不少"至暗时刻"，好在都平稳度过，自认为还是一个内心强大的人。所有经历，也让我明白一个重要的原则：永远不要对别人抱有过高的期许，哪怕是自己的父母，凡事要靠自己，尽力而为，但随遇而安。当然，前提是你首先要认可自己，喜欢自己。

借用这本书里的一句话结尾，希望你能开始"把爱自己变成一种习惯"。

2023年8月于银川

放下执念，手里的球也许可以落下一两个

韩卓

十年前，我从美国佐治亚大学取得博士学位后，来到北京师范大学继续从事心理学研究，并创建了自己的心理学研究实验室 The PERK Lab，和四十多位教师、博士后、硕博士和本科生们一起开展情绪和心理健康方面的科学研究。这些年来，我的合作研究几乎包罗了人生的各个年龄段，从婴幼儿到成年人的情绪和心理健康都是我关注的重点，研究方向涉及心理病理学、情绪和情绪调节、焦虑和抑郁、原生家庭等众多心理学话题。

十年如一日的心理学研究，并没有令我感到厌倦，我常对周围的人说："虽然偶尔也会有倦怠的时候，但总能快速恢复对工作最初的热情。"

在人生的不同阶段，我都开展了相应的研究：刚毕业时，正

处于恋爱期，当时我对浪漫关系的研究很感兴趣，并且发现在这个领域很多问题还没有被解答，于是就设计了一系列恋爱心理学对个体身心健康影响的研究项目；后来组建了家庭，有了第一个宝宝，我又开始了新的研究探索，比如妈妈们的孕期情绪和整体的家庭情绪氛围对产后身心健康的影响，以及宝宝出生以后对宝宝的教养方式和情绪社会发展的影响等。

每天和很多硕士和博士研究生打交道，同学们偶尔会问我如何每天都以饱满的热情投入工作和生活中。被问得多了，我自己也开始好奇，并认真思考这个问题。

"我想是因为这份工作真正匹配了我的个性，"在和一位博士生闲聊时，我对她说："我有个好朋友是从事人格心理学研究的著名专家，她曾经半开玩笑地说我是典型的 T 型人格，即 thrill-seeker personality，这类人喜欢去创造、追求激动人心的事件。"

我觉得这种说法不无道理。我不太喜欢过度重复的工作，更喜欢不断有新鲜的研究与体验，所以我才会在自己人生的不同阶段，根据不同情况设计实验，尝试科学地回答这些令人感兴趣的"人生问题"。

其实，在我的职业生涯中，也经历过几段低谷期。印象最深刻的是，当时我刚生完第二个宝宝，手上还有很多科研项目和国际合作都要跟进，带教的几位博士生、硕士生的毕业论文还在等着指导意见。此外，我还有更有"野心"的想法，希望给予两个宝宝同样的关注和疼爱，并且弥补这些年因留学在外没能给父母的关心。

我想要兼顾每一件事，但是显然很难实现。这份"野心"导致我在一段时间内陷入极度的崩溃、焦虑和迷茫的状态。而将我成功从崩溃边缘拽回来的是一封信。写信人是我博士阶段的联合导师 Cindy Suveg 教授。这封信的内容一下就击中了我的心，到现在回想起那封邮件当中的内容时，依然觉得非常感动。

信的内容翻译成中文大致如下——

Rachel（我的英文名）：

我完全明白你这一段时间的感受，我曾经也跟你一样，我们想要成为一个完美的老师、妈妈、女儿、妻子，甚至想要成为特别靠谱的同事和合作者，还有最温暖的朋友。这些角色我们都想要做，但是我们常常忘了自己的另外一个重要的角色和身份，那就是自己。你最近有没有好好地照顾自己呢？在履行无数的身份的时候，你有没有把自己照顾好，有没有关爱自己的情绪和身体呢？

后来我逐渐意识到，我们每个人在某些阶段，就像马戏团里表演抛球的小丑一样。我们总以为目标是不让每个球落下，完美谢幕，但有时候手上的球实在太多了，总是手忙脚乱，非常崩溃。其实有时候，我们可以放下执念，让其中一两个球暂时落下，后果其实没有想象中那么可怕。

既然每个人都会陷入迷茫，必要的时候，不如放下执念，关爱自己，接纳和喜欢每一个阶段的自己，也就是"现在的自己"。

亲爱的读者，也许我可以成为你身边那位研究心理学的"闺蜜"。我乐意把自己的学习、工作经验与研究成果，用书信的形式分享给你。

期待你也会越来越喜欢现在的自己。

2023年7月

01

把爱自己变成一种习惯

一键暂停自我否定

亲爱的：

很想给你一个拥抱。来自原生家庭的困扰，我相信很多人都有。

最近和朋友看了美剧《我们这一天》的最终季，剧中Beth对舞蹈老师说："当年你那样放弃了我，让我在往后的多少年中，不管获得怎样的成功，总是能感觉到那股强烈的失败感……"

看到这里，我的这位朋友说她对这句台词太有共鸣了——我们有多少人，心底和Beth一样，总是有这样一个声音：我并不够好，我太差劲了……一次又一次的自我否定，导致我们持续悲伤。哪怕已经很累了，却一刻也不敢停下，否则就会感到恐慌，永远看不到自己的优点。为什么会这样呢？答案其实就在我们的成长轨迹里。

讲到原生家庭对我们的影响时，我们会提到一个叫作"内化"的概念。所谓"内化"，就是我们把和家庭成员或重要他人的互动，融入自我概念的形成、自我价值的判断当中，从而转化为自身的性格特质。最典型的，比如家长长期对孩子过分严厉要求，孩子就会逐渐形成"自己不够好"的信念，长大后总是忍不住追求他人的认可，遇事总是忍不住责怪自己，最终影响了稳定自尊水平的形成，让他们觉得自己配不上更加美好的事物，也不配拥有过人的成就。

如果你也有这样自我否定的经历，Rachel老师想先给你一个充满鼓励的拥抱。然后我们一起从心理学研究的角度看看，是什么因素影响了我们从小到大自尊水平的塑造，是否有方法可以破解呢？

首先影响我们自尊的，就是家庭环境质量。追踪研究发现，我们0—6岁时候的家庭环境质量，能显著影响童年后期自我报告的自尊水平，并且这种影响可以延展到成年期。这里的家庭环境质量最主要是指：第一，父母的养育方式是否充满关爱和温暖，也就是是否能够察觉孩子的情感需求；第二，父母是否为孩子创造了充足丰富的认知刺激；第三，这是不是一个安全、有条理的生活环境。

更近一步的研究还指出，家庭里的一些其他因素也可以预测自尊发展，比如父母的抑郁水平、家庭的经济安全感、父母之间的关系质量等。也就是说，我们原生家庭里的环境因素，这些我们改变不了的部分，是会持续对我们成年后的自尊水平产生作用的。但是，正因为这些因素基本不在我们自身掌控范围内，我们是否可以换个角度思考：如果这些问题不是因我们而起，而且是我们改变不了的，那么我们是否可以拒绝把这些问题怪到自己头上呢？

今天把这个问题抛出来，就是想提醒一下，如果你也因为原生家庭的影响，总觉得自己不够好或者不值得被欣赏被爱，那么从现在开始，你需要停止自责，摆脱原生家庭带来的负面影响，试着保护内心那个真正的自我，提升自尊水平。

已经有研究表明，这种尝试和努力确实是有用的，因为研究发现，那些从我们小时候起就影响自尊水平的家庭因素，随着年龄的增长，对我们的影响会逐渐减弱。我们的命运，最终还是掌握在自己手中！

那么，具体要怎么办呢？我总结了三个摆脱自我否定的策略，分享给你。希望这些技巧可以帮助你一点一点地找回真正的自己。

第一，给自己设置一个"暂停键"。当那种排山倒海的沮丧感突然把你淹没的时候，可以先在心里给自己按下一个"暂停键"，告诉自己：

> 请等一下，这些自我否定的想法是真的吗？它能够定义我自己吗？我是做出了合理的推断，还是又在明知不是事实的情况下，盲目而习惯性地自我否定了呢？对，我是犯错了，是被批评了，但那就真的可以推翻我全部的努力和成就了吗？我的未来就一定是没有希望的了吗？

按下情绪"暂停键"，不仅会得到一个喘息的机会，而且你会发现，大部分时候都是我们的习惯性内化反应在作祟。而成长本身，就是不断发现自己的不合理信念并加以修正的过程，所以每次悲伤，我们就暂停，再悲伤，就再暂停，久而久之，你就会学会如何推翻情绪和自我否定之间不合逻辑的认知错误连接，慢慢就会没那么容易因一时的负面情绪而产生强烈的自我否定了。

第二，要拥有"被讨厌的勇气"。我非常喜欢著名心理学家阿德勒提出的一个概念，就是课题分离。简单来说，就是我们不干涉别人的课题，也不要让他人的课题干涉自己，这样我们才能达成"自由"。在自由的环境中，你甚至可以被别人讨厌，也不自寻烦恼——因为别人讨厌我们是别人的课题，不是我们的课题。你也不需要去拼命获得所有人的认可、喜爱和关注。我们当然会虚心听取他人的建议，但绝不会再因为他人一句轻飘飘的话语就轻易地否定自己，哪怕这个"他人"是我们的亲生父母。

第三，学会用我们承担的责任来定义自我价值。用大白话说就是，你在什么样的角色中，就做好属于自己的事，为自己的每个行为和选择负责，这才是定义自我价值最好的方式。通过分析原生家庭，我们认识到了环境对自己的影响，但这并不意味着把锅全甩到环境身上，我们还是要承担起属于自己的责任，做应该做的事情。在这个过程中，你会发现，随着你认真履行责任，完成一件件具体的事，自己就会越来越自信，越不容易被个别的他人的看法来定义自己。你自己的靠谱、认真、责任心，这些实实在在的、在自己掌控中的事情在你的自我概念中也会越来越重要。

就像电影《肖申克的救赎》中被误判入狱的主人公一样，你也可以通过自己获得救赎。只要我们想，我们就可以成为自己定义的珍贵，成为自己喜欢的样子。

Rachel

别再反复咀嚼那些坏情绪

亲爱的：

心理学里有一个词，叫"反刍"（rumination）。

可能好多人都有过这样的经历，就是白天跟比较在意的人交流了一下，晚上回家就睡不着了，一直在脑海里过电影一样，反复去回想，觉得自己是不是这句没说好，那句话忘说了，"对方会怎么想我呢"；或者白天发生了一件什么事，就觉得自己特别尴尬，一直反复去重播自己当时说的每句话，每个表情，每个动作，然后越想越尴尬，最后彻底抑郁了。

你可能知道，有一些动物，比如说牛，是会把吃进去、在胃里消化了一半的食物返回到嘴里再嚼一遍的，像这样的过程也被称为"反刍"。

那心理学的反刍思维也差不多，就是反复地、不停地、持续地纠结已经发生的事或者已经进行过的对话，还有纠结自己的形象、感受、个人问题、不开心的经历等。总的来说，就是白天发生过的事，特别是自己觉得不开心、不甘心或者尴尬的事，到了晚上反复进行自我复盘，越复盘越抑郁，却又忍不住还是要复盘，这就是反刍。

心理学研究发现，当人们反复进行反刍时，就会更加容易抑郁、焦虑，而且反刍思维还会让我们对过去、现在、未来的看法更加消极，影响我们当下的行动力和解决问题的能力。

更加严重的个体甚至会发展成抑郁障碍，也就是说反刍这个行为其实是可能引发抑郁症的危险因素，因此我们要想办法让自己减少反刍。

有这样几个方法，我觉得很有用，介绍给你参考一下。可以从中挑选最适合自己的方法去实践，我相信必有一款能够帮助你对抗反刍。

第一个方法就是跳出固有思维。

那这个跳出固有思维怎么操作呢，也就是我们应该清楚地去了解，不管是过去、现在、还是将来，都不会因为我们过度地思虑某件事而被改变。当我们发自内心意识到自己的这种反刍，或者说过度思虑其实并没有任何功能和价值，也就是说你反复去想其实并没有用——能够想明白这点，你就会更容易减少这种行为。

特别是你在信里提到的情况，那种反刍里涉及一些其他个体：反复琢磨对方对自己的每句话、每个举止的每个细微的反应，但是你想，当你晚上几个小时难以入睡去一遍遍过这些细节的时候，对方可能早已经安然入睡，甚至早就忘记这件事了。

所以，我们为什么还要独自尴尬呢？其实大多数人大部分时间都更关注自己而非他人，因此很可能对方都没有注意到所谓的尴尬。或者说你可以想，其实不管对方当时是否注意到，他们现在应该都没有再继续想这件事了。这样想是不是就觉得这件事没有那么重要了呢？

那这种时刻其实就是，只要你不觉得尴尬了，那就没人尴尬。所以过度思虑并没有用，加上被我们过度思虑的事件中另外那些主角，人家可能早就忘了或者睡了，咱也就赶紧放松下来，洗洗睡吧。之后如果你觉得本来跳出了这个思维，又感觉反刍快要反复发作了，又要回去了，建议你把这封信拿出来，再看一次，帮你再跳出来。

第二个很好用的方法，就是转移注意力。

站起来，做别的。

如果是白天陷入反刍中，就比较简单，让自己出去运动半小时以上。最好的就是需要思维和身体共同参与的运动，例如瑜伽、普拉提，或者尊巴、街舞，我最近最喜欢的一种运动叫Barre，就是动感芭蕾。这些需要你把注意力放到思考动作上，很快能帮你减少反刍。当然，如果你不喜欢这些运动，那就做最简单的跑步。你会发现只要在你和反刍之间做一个隔断，分散一会儿注意力，就会有用。你慢慢会体会到，有时运动完了，让你再去回到刚才那些迂回往复的纠结中，你都回不去了。

但如果是晚上，最好不要过度运动，太晚了做运动会影响夜晚的睡眠，继而影响白天的情绪控制能力，更容易发生想要反刍的片段。我们可以喝杯牛奶，听一听比较催眠的有声书或者舒缓的音乐，让困意把自己从反刍中解脱出来。

第三个方法就是可以试试正念冥想。

有一些研究者认为，反刍事实上就是焦虑的另一面，焦虑是更纠结于未来，反刍是更纠结于过去。因此，陷入反刍或焦虑怪圈的人需要的其实是一种"活在当下"的能力。正念冥想其实对减少反刍思维有很好的作用，因为冥想其实就是帮助大家在一定的时间内，全身心地观察和感受"当下"，可以帮助我们将更多的注意力集中在"当下"，减少对过去和将来的纠结。现在手机上就有很多可以指导我们进行正念冥想的软件，比如潮汐、Now冥想等，都是非常好用的小程序，你可以试试，看看正念冥想是不是适合自己。

第四个方法是我们最常用的，就是和信任的人多聊一聊。

和信任的人多聊一聊，特别是聊聊那些让自己担心和纠结的事，像朋友、家人或者咨询师等，都可以。很多时候我们陷入反刍的怪圈走不出来，是因为情绪左右了我们对当下情况的判断，很容易当局者迷。和信任的人沟通当下的情况，听听他们的想法，旁观者清，就可以帮助我们更加理性、更加清晰地分析所担心的事情，然后你就会发现很多情况都是我们思虑过多了。而且这种分享还会获得更多社会支持，让关心我们的人注意到我们的困难，这对于对抗反刍来说也是非常有效的。

Rachel

早点从有毒的经历中走出来

亲爱的：

我常常会收到很多提问和求助，其中有很多令人心疼的经历。比如，不幸的、暴力的成长环境，不负责任的恋人，被霸凌的校园生活，PUA员工的老板，等等。今天，我想跟你聊聊这些经历是如何塑造我们的，以及我们该怎么从这些创伤的经历中走出来，希望可以帮助到在创伤中成长的你。

首先给你介绍一个概念，叫作复杂性创伤后应激障碍（Complex Post-Traumatic Stress Disorder，CPTSD）。你一定听说过PTSD，而CPTSD就是在具有PTSD的核心症状的同时，还具有以下五种主要症状，包括：情绪闪回（Emotional Flashback），毒性羞耻感（Toxic Shame），自我遗弃（Self-abandonment），恶性内在批判（Vicious Inner Critic），社交焦虑（Social Anxiety）。我把这些症状的意涵整理在下面，你可以先了解一下。

情绪闪回

一种突然发生且持续时间较长的退行，幸存者会退行至童年遭受虐待或遗弃时所产生的强烈的情绪状态，这种情绪状态可能包括强烈的恐惧、羞耻、疏离、愤怒、悲伤和抑郁，甚至可能出现不必要的战或逃反应。

毒性羞耻感

一种觉得自己毫无价值的感觉，是一种将他人的不良对待转变成自己对自己的一种不良信念。在童年或青少年时期尤其容易形成。

自我遗弃

指拒绝、压抑或忽视自身的某一部分，是一种在毒性羞耻感的作用下产生的自我疏离，认为自己不配获得帮助，只能在羞愧中活着。

恶性内在批判

对自我的破坏性评价，是一种对来自他人的负面评价的内化。

社交焦虑

对社交场合的长期而强烈的恐惧。通常始于青少年时期，对个体的生活有很大的影响。

之所以加上"复杂"这两个字，是因为这种问题的成因往往是持续的、多层次的、复杂的，包括成长和生活过程中遭受的羞辱、贬低、欺凌、背叛、情感忽视、过度控制等伤害。举个例子，一个简单的创伤可能是四岁时被父母在游乐园弄丢过一次。在经历这个事情的时候，我们肯定会很害怕、很无助，之后很久，我们可能都没办法回到游乐园去。但如果我们有一对体贴的、温暖的父母，在找到我们之后及时安抚我们、抱抱我们、带我们吃点好吃的，那这件事很可能并不会造成我们的情感或者社会关系的危机。

而一个复杂的创伤经历，则可能是从小到大都在一个爸妈争吵不休的成长环境。在这个环境中，我们可能很难回忆起某次特别极端的事件，但长期以来，生理上，吃一顿没一顿；情感上，父母争吵不休带来的恐惧感；关系上，父母和孩子缺乏安全紧密的联系；自尊上，被最亲近的父母指责打压……这些复杂的、全方位的打击弥漫在生活中的所有环节，形成了一个复杂的创伤环境，让我们被"冻结"在创伤状态中。

类似的复杂性创伤还可能表现为被我们的伴侣、领导精神操控，在学校中遭受霸凌或老师的歧视性对待等。在一段创伤性的关系中，他人会不断地否认我们、惩罚我们，同时忽视我们的需要和想法，贬低我们的人格和价值。

在这样的环境中生存，仿佛在一片满是地雷的草地上行走，我们几乎是百分之百地感到恐惧、焦虑、无力，最终这种恐惧会内化成我们固定的行为模式，甚至会给我们一种"我性格就是这样""我天生就不适合社交、我不适合进入亲密关系"等错误认知。这样的表述不仅仅是在你的信中有，在我收到的求助信中也经常出现。我今天写信给你，就是想告诉你：事实绝不是这样的，这只是我们从不良关系中幸存下来的一种适应方式，只不过这种适应方式在更加健康的关系和正常的环境中不再适用了而已。

另外，由于这些人在某些方面确实对我们很重要，我们又真的很在意他们的看法。这些看法很容易被我们内化为对自我的看法。

比如，我之前收到过一封女孩的来信。她在信中说自己的身材比较丰满，腿上有比较多的脂肪。而她每次穿短裤时，她的前任男友都会拍一下她的大腿，然后笑一声，导致这位小伙伴对自己的外形越来越不自信了。

总的说来，CPTSD的产生往往离不开我们遭受到的复杂的、多层次的不良对待，这些不良对待会导致我们出现一些固定的适应方式，而这种适应方式在正常的世界和健康的关系中则不是那么合适。那么，接下来，我们就来聊一个关键问题：如何走出旧的创伤，建立新的、恰当的适应方式呢？

首先要说明一件事情，那就是我们不可能像处理一般的PTSD一样，通过单一的、简单的某个创伤疗法彻底地解决CPTSD。因为CPTSD的恢复涉及更多、更复杂的多方面问题。强调这件事情，是因为如果预期自己完成一个治疗，就能缓解CPTSD，结果却没能如愿时，我们更容易把这件事归结为自己的问题，从而加重病耻感和自我批评。

而康复的第一步，就是要扭转我们对自我的负面想法和信念。

这一步的重点在于识别和消除我们被他人灌输的破坏性想法和思维。具体来说，我们需要了解那些不良的关系是怎么塑造了我们的适应方式的，并且把这些不良的适应方式和我们本身的自我概念区分开来。

在创伤环境下成长，常见的不良适应方式可以被概括为一个4F模型：战斗（fight），逃跑（flight），僵住（frozen）和讨好（fawn）。

战斗，就是指通过攻击来应对当下的威胁，这类适应方式在创伤环境中固定下来，往往会形成自恋型的防御模式，也就是通过指责别人、推卸责任来保持对自己的一个较高评价。

逃跑，就是想办法转移注意，动动这里，摸摸那里，以避免面对真正的威胁，这样的反应模式往往会固化为强迫型的防御模式，比如一些仪式性的行为，像啃指甲、暴饮暴食等。

僵住，就是在意识到抵抗无用时，放弃抵抗，进入解离——也就是想办法忘记创伤经历，甚至假装自己不存在——或进入崩溃状态，接受"自己注定会受伤"这个现实，对应解离型的防御模式，也就是进入一种麻木、疏离、冷漠的状态。

讨好，就是试图通过讨好或协助来预先阻止和安抚攻击者，避免受到进一步伤害。比如一个孩子看到妈妈被爸爸家暴，不去保护、帮助妈妈，反而给爸爸倒水、去和爸爸撒娇，希望这样就可以避免爸爸转过来攻击自己，这就是一种讨好反应。这种反应固化下来，就会形成关系依恋型的防御模式，一些原生家庭不幸福，长大后拼命追求爱情、讨好伴侣的"恋爱脑"就是这种模式的典型案例。

介绍完这四种典型的适应方式,我们就可以开始一段自我反思和探索之旅了。也就是说,去认识到,"我不是不适合亲密关系,只是以往的经历让我形成了一些不适合健康亲密关系的适应方式。但这个是流动的、可以变化的,当我们进入一个相对安全的环境,通过科学的练习,我们就能扭转这种不良的适应方式,用更加积极的心态面对人生"。

在这一认知的基础上,我们才能进一步针对具体的问题进行调整。比如,在生理上,学习一些身体放松技能、调整自己的饮食习惯;在关系上,和创伤性的亲子关系、亲密关系等进行切割;在精神上,做一些感恩冥想、自我关爱冥想等。这些都要建立在认知上接纳自己的基础上。

那关于具体的自我调整方法呢,我推荐你去看一本《不原谅也没关系》。这本书的作者皮特·沃克是美国资深的心理治疗师,美国婚姻与家庭治疗协会、伯克利心理治疗研究所认证督导师。这位老师自己就是一名CPTSD的康复者,也许是因为这个原因,这本书中的语言充满了温情的力量。他在书中有一个观点是我特别喜欢的,那就是,"我们没有义务原谅那些伤害我们的人,但我们有责任让自己对创伤释怀"。除了这个鼓舞人心的核心观点,这本书中也有很多很实用的自我疗愈方法,从整体的框架到具体的练习方法,书中都有非常详细的表述。希望能够对你有所帮助。

最后,送给你一句我一直很喜欢的话,是莫泊桑说的:生活不可能像你想象的那么好,但也不会像你想象的那么糟。人的脆弱和坚强都超乎自己的想象。

Rachel

学会快速摆脱抑郁情绪

亲爱的：

"抑郁"这一话题在社交网络上一直热度很高，但在使用这个词的时候，大家所表达的意思其实是千差万别的。一项研究选取了 Instagram 上 *depression* 这个标签在一个月内的所有文章，并对其中的图片和文字进行了分类，发现其内容真的是五花八门：有简单叙述自己生活的、有分享自己的社会见解的，甚至还有分享美食的。所以这是出了什么事？我们吃个饭、聊个天全都是关于抑郁的吗？那么，到底什么是抑郁呢？如果我早晨起床心情不好，懒得做事，不想上班，我是不是就是抑郁了呢？

关于抑郁，有太多想聊的。我们先来聊聊，所谓暂时的抑郁情绪和病理性的抑郁障碍有何区别。

大多数人时不时都会有抑郁情绪，我觉得这是再正常不过的了。我们都会有哪天突然觉得好像什么事都很没劲，或者感觉"我好累"，仿佛应付不了这来势汹汹的新的一天。

但对于大多数人来说，这些可能就是正常的情绪波动，每个人都会经历，那到了何种程度才算是真的抑郁成疾了呢？我们来看一下。

我们一般说到的这种跟抑郁相关的心理疾病，在临床上叫重度抑郁障碍，按照比较常用的美国精神疾病学会发布的标准：如果在两周内的大部分时间里，出现五个或五个以上跟抑郁相关的症状，并且是跟自己先前比，有显著的功能上的变化，那么就可能是有患病风险。这里面的功能，临床上是指学习上、工作上、社交上遇到困难等。

那些症状都包括什么呢？

其中有两项是必取其一的，也就是必须要有这两个症状中的一个，不然就不是障碍。这两个症状就是：心境抑郁和丧失兴趣或愉悦感。

心境抑郁指的是：

每天大部分时间都心情郁闷，可以是自己主观觉得的（比如，我感到悲伤、空虚、没有希望），也可以是他人的观察（比如，别人经常看到我流泪）。

而丧失兴趣或愉悦感指的是：

每天或每天的大部分时间内，对于几乎所有活动的兴趣或从中可以感受到的乐趣都明显减少（这个既可以是主观体验，也可以是别人观察所见）。

这两条里必须满足其中之一，然后我们再数其他的症状。其他症状要跟这两条凑够至少五条才满足诊断标准，包括诊断标准里的第三个症状，"在没有故意节食的情况下体重明显减轻，当然也有人表现为体重明显增加（例如，一个月内体重变化超过原体重的5%）"；还有第四个症状，"几乎每天都失眠或睡眠过多（但临床上大部分抑郁患者还是多表现为失眠)";还有第五个症状,"几乎每天行为上都表现得过度躁动或者过度迟钝,而且不只是你自己这样觉得,你身边的人也会说你比往常明显躁动了,或者更加消沉不爱动了";以及第六个症状,"几乎每天都感觉疲劳或精力不足";第七个"几乎每天都感到自己毫无价值,自己充满过分的或不恰当的内疚感";以及第八个"几乎每天都不能集中注意力去思考或者凡事都特别犹豫不决";最后,还有第九个,就是反复出现死亡的想法(而不仅仅是恐惧死亡),反复出现没有特定计划的自杀观念,某种自杀企图,或者某种实施自杀的特定计划。

如果这九条里出现五条或以上,并且症状的出现不是因为身体上的疾病或不适引起的,那么就可能不只是平常的情绪波动那么简单,特别是这些症状如果让一个人感觉很痛苦,造成了学习、工作、婚姻、恋爱等各方面的困难,那么就可能不是我们每天挂在嘴边的抑郁情绪那么简单了,而是有抑郁障碍的风险。这种情况就必须要去医院做进一步的检查和诊断,及时寻求专业人士的帮助。

生活中,大多数人其实还没有到抑郁成疾的状态,但多数人可能都会在不同时间段内出现刚才前面那些各种各样的抑郁症状。但只要还没有到重度抑郁障碍的程度,我们就有一系列的方法,可以帮助他们快速摆脱抑郁情绪,立即感觉好起来。

和你分享几个我自己觉得最实用的办法吧:我比较常用的对抗清晨起床后抑郁情绪的方法有两个,一个是洗热水澡,另一个是闻香。

很多研究其实都证明了洗个热水澡可以有效地减轻我们的抑郁情绪。美国亚利桑那大学的一项研究甚至已经证明，洗热水澡可以作为抑郁症的辅助疗法。所以，对于缓解抑郁情绪就更是小菜一碟了，这个研究还发现，38℃左右的热水澡对减轻抑郁是最有效的。当我们早上起来，如果感觉自己昏昏沉沉，好像怎么都开心不起来，不想上学，不想上班，那不妨试试洗个热水澡，你就会发现没有一个烦恼是热水澡洗不掉的，然后清清爽爽地开始新的一天。

如果早上来不及洗澡的话，闻香也是一个很好的办法。我们人类有个情绪加工的中心，叫杏仁核，就在我们鼻子后面，因此嗅觉是可以最直接对我们情绪产生作用的感官，这个作用快到你难以置信。如果哪天你男友不回微信，你的报告被领导打回重写，或者这几天就是没有什么值得开心的事，这些时候如果不想心情越来越糟，想紧急振奋一下，就赶紧闻闻身边的香水、精油，哪怕洗手液也行，只要是自己觉得好闻的味道，你就会发现，很快你就能开心起来，至少不至于让心情更糟，影响之后的安排。

推荐几个对抑郁情绪特别有用的味道，像柑橘香、薰衣草香、花香，还有艾草，中草药气味也被研究证实有效。当然了，你也可以偶尔囤一些自己喜爱的、可以随时闻的东西，以备不时之需。

Rachel

"自我慈悲"让我们成为更好的自己

亲爱的：

上次咱们聊了紧急减轻抑郁情绪的几个方法，很开心可以帮你对抗突然来袭的低落和不开心，现在心情好多了吧？

这次我再分享一个可以系统性训练的方法，叫自我慈悲，这种方式更加强大，它可以从长远改善你之前在信中说的那些让你担心的情况，"经常感觉自己抑郁成疾"，"碰到很多让自己很失望的人"，"怎么感觉身边这么多负面声音啊"，等等，这种方法可以帮你从内心改善对这些情况的认识，变得更加开心和强大。

那什么是自我慈悲呢？它并不是指同情自己，顾影自怜。我更倾向于把自我慈悲看成一套针对自己的固有思维的练习体系，让我们可以通过建立新的思维，用自我慈悲这个神奇的铠甲，去更好地保护自己、避免抑郁，甚至改善人际关系。因此，自我慈悲现在也是积极心理学、临床心理学和正念等领域新兴的、实用的、促进个体心理健康的科学方法。

你仔细想想，不管是我们自己还是周围的朋友们，很多情况下，我们的痛苦和抑郁是不是有很大一部分都来自人际关系呢？

存在主义哲学家萨特曾经写过,他人即地狱,这听来有些极端,但其实也暗含这个残酷的事实,就是很多我们的不开心都来自人际交往中的失去、失望或者求而不得。

而自我慈悲的核心就是让我们通过思维的转化和系统的练习,把自己看成自己最好的朋友,去呵护好自己,做到了自己呵护好自己,你就会发现自己对身边的人的期待、渴求和纠结都会越来越减少,至少越来越合理化。这反而使你没那么容易在人际中痛苦或抑郁了。而大量的研究确实表明,自我慈悲水平更高的个体,更不易怒,也没那么容易焦虑或者抑郁,对自己的评价也更积极,人际关系也会得到改善。即使遇到很大的挫折,擅长自我慈悲的人也不会将事情灾难化,觉得好像世界末日要来了。相反,他们的情绪会变得更加平稳,性格会变得更加乐观,面对生活也更加积极了。

那自我慈悲这么好用,如何才能做到呢?

这里面包括三个要素,第一,就是要温柔对待自我,记住一个黄金法则,就是要像对待自己最好的朋友一样对待自己。

为了帮你更好地理解这一点,给你讲个小故事吧。我们假设这个故事的主人公叫作小Y,是一个空窗了很久,刚刚进入一段新恋情的女孩。可能是太久没有恋爱,小Y恋爱后恨不得每分每秒都跟男朋友在一起,即使有时因为各自要忙工作见不到,也要随时打电话发短信。就这样过了没多久,男朋友就不堪重负,主动提出想要结束这段关系。

现在问题来了,此时,如果你是小Y最好的朋友,小Y打电话向你倾诉，你会和她说什么呢？"小Y，你这么好，对他又好，他还不知道珍惜，失去你是他的损失。"你是不是会这么说去安慰她，鼓励她呢。

那接下来，让我们换一个视角，如果反过来，你自己就是小Y，在这种情况下你被分手了，你会怎么对自己说呢？你会不会说"都怪我太黏人了""都怪我不够优秀，没有魅力"或者"他跟我分手是不是因为我最近变丑了，或者变胖了"。

大家想想，同样的一件事，你对自己最好的朋友，和你对自己的反应是不是会完全不同呢？

而人们一般就容易这样，遇到困难，容易自我苛责，容易让自己彻底失去信心，感觉更糟。那么如果从今天起，我们开始去尝试，像对待自己最好的朋友一样对待自己，是不是会感觉好很多呢？这是第一点。

而自我慈悲的第二点，就是观念意识上的转变，要意识到，我们所遭遇的痛苦或者失望，这些都不是独一无二的，它具有人类共通性。所以最重要的就是不要总拿自己痛苦的点，不爽的点，去跟别人幸运的点做比较。每个人都有自己的烦恼，所以我们就不要再自寻烦恼了。

而第三点，就是把正念带入其中。这里的正念，指的是我们要去更清晰地意识到自己的情绪和自己的困难，并且采取不加评判的、接纳的态度去看待它们。试着把自己当作一个旁观者，先去理清自己的情绪和状态，而不是一开始就被消极的情绪和现有的困难所吞噬。

所以，如果你还是觉得最近有很多人际挫折，心情依然极为抑郁，不妨先对我们今天说的这个自我慈悲的方法敞开怀抱，试着把这三点核心带入自己的生活中，看看会不会有起色。

说到这里，你可能还会有一种担心：说如果我对自己慈悲怜悯了，不嫌弃自己，不批评自己了，不就没有动力提高自我了吗？自我慈悲会不会让我变成一个快乐的废物呢？这是一个很有趣的问题。对于这个问题，伯克利大学的研究发现了恰恰相反的结论。研究结果发现，除了能够促进我们的心理健康之外，自我慈悲还可以提高一个人自我提升的动机。

这与我们担心的恰恰相反，看起来有自我慈悲的人反而会更有上升的动力啊。因为：

第一，自我慈悲让我们相信自己的缺点是可以改变的；

第二，自我慈悲给我们更强的动机去做这些改变；

第三，自我慈悲让我们不愿重蹈覆辙，因为我们学会了怜悯自己、爱自己，不舍得让自己再次陷入同一种困境。

最后，自我慈悲还可以提高我们从前一次的失败中吸取教训的能力。

所以，这么看来，自我慈悲有巨大的潜力可以对我们的情绪健康、工作效率、人际关系，甚至自我提升都起到意想不到的作用。

而且除了刚才说的三点：把自己当成自己最好朋友的黄金法则、意识到自己的烦恼是人类共通的、采用正念的态度看待自己的情绪和困难，自我慈悲还可以通过具体的练习来提高，像冥想练习、自我慈悲日记，这些干预技术都可以帮助我们提升自我慈悲的能力。

　　抱歉，今天也只能先写这么多了。下次见面，我会再给你介绍自我慈悲日记的练习方法，希望我们身边的朋友们都可以用到自我慈悲这个柔软但神奇的铠甲，让自己更健康，更高效，更快乐。

Rachel

专业反抑郁指南

亲爱的：

　　现在你已经了解了抑郁症的定义、评判标准以及一些即时性的调整方法。如果你问我："长期来看，我们有没有什么办法能够根治抑郁症呢？如何根本性地改变自己的抑郁倾向呢？"我可能会向你介绍专业咨询师常用的三个抑郁干预方法，以及它们背后的原理。这些方法可以分别被总结为扭转认知、付诸行动和寻找意义。

　　首先说说"扭转认知"。认知行为疗法的祖师爷贝克指出，抑郁其实就是一系列扭曲的认知造成的。

　　比如同样是迟到，一般的人可能道个歉就过去了，但抑郁的人则可能觉得自己的靠谱形象、升迁道路甚至整个职业生涯都可能被毁了。这种认知就是典型的灾难化思维。再比如，我在路上碰到个朋友，我跟她打招呼，对方却没有理我。那我的反应可能是这人出门没戴眼镜，或者我今天把头发梳起来了，她没认出来，或者一些其他的什么原因。但如果一个抑郁的人遇到这种情况，可能会直接断定这个人在故意针对他，或者觉得自己之前做了什么事情得罪对方了,这就是跳跃式结论。

类似的扭曲认知还有很多,你也可以想想,自己身边的案例。直接改变认知是不容易的,但是,先熟悉常见的扭曲认知的形态,之后当这些念头出现时我们就可以更好地识别它,然后训练自己建立"识别—暂停"的模式,这是很重要的一步。接下来,就要自己挑战自己,问自己下面几个问题:

第一,支持这些想法的证据有哪些?

第二,反对这些想法的又有哪些?

第三,还有没有别的解释?

我们的大脑是很灵活的,通过不断地认知练习,相信大家最终可以塑造一个更积极理性的思维模式。

这就是"扭转认识",然后我们再看"付诸行动"。付诸行动指的是通过行为层面增加活力,也就是行为激活技术。

愉悦感的丧失和价值感的缺位是造成抑郁症的重要因素,那么找出让我们愉悦、有成就感的事情,并且多做不就可以了?比如,每天记录当天发生的每件事的愉悦程度和成就感水平,连续一周。愉悦程度1分代表极其痛苦,10分代表欣喜若狂。成就感1分代表绝对错误,10分代表绝对骄傲。具体操作的时候,可以做一个非常简单的表格,横着是一周7天,竖着是每天的24个小时,在每一格里写下对应时间做的事情并打分。

比如,我在周三的8点到10点看了两个小时《老友记》,看得酣畅淋漓、爆笑不断,但同时又感觉自己好像什么成果都没有,那我就可以给自己的愉悦评9分,给成就评3分;而10点到12点我特别痛苦地改完了整个班的期末作业，但完成了一个大工程，还从学生的大作业里学到了很多新知识，所以我就可能给自己的愉悦评2分，成就打8分。

当我们完成了对日常的实时监控后，就可以选出那些带给我们快乐和成就感的事情，多做一些；选出那些快乐和成就感都特别低的事情，尽量躲开。

最后一个方法是"寻找意义"，这也是我最想和你分享的一个方法：去寻找我们生命的意义，构建一个值得过的人生，只有这样，才能彻底对抗引发抑郁的虚无感。

不知道你有没有这样的经验：在做了一些高愉悦而低成就的事情，比如暴饮暴食、狂打游戏之后，往往没多久就会被突如其来的空虚感和内疚感淹没。因此，短暂且缺乏成就感的快乐并不能帮我们彻底走出抑郁。我们还需要保持长期的愉悦感，做一个满足而丰盈的人。而想要做到这点，我们必须找出自己之所以存在的意义，从根本上扭转浑浑噩噩的生活方式，过一种值得过的人生。

诚如海德格尔所说，被"抛入"这个世界的我们，需要通过自己的反思和行动决定自己的生命意义。但好消息也是，我们其实是可以通过自己的反思和行动，决定自己生命的意义的。

看到这里，你是不是又想问：说得倒是轻巧，可是我连自己的当下都一团乱麻，又怎么能知道自己人生的意义呢？

别着急，为了帮助来访者做到这点，过一种有意义的人生，辩证行为疗法创始人玛莎·莱恩汉总结了七个步骤：

第一步，停止回避，去直面自己的需要，开始这场探寻之旅，多做不同尝试；

第二步，去定义，到底哪些价值对你来说是重要的，是高质量的家庭和亲密关系、强大的权力和影响力、精彩刺激的人生体验，还是优良的美德？写下它们；

第三步，从这些美德中选出最重要的，作为你人生价值尺度的中心；

第四步，将这个中心进一步细化成一些更具体的目标，比如我最看重的价值是为社会做出贡献，那我的目标就可以定成多多帮助他人、实现学术创新和推广心理学知识，你也可以把自己的核心价值和目标写下来；

第五步，继续从这些目标里选一个最重要的；

第六步，将这个目标细化成可以直接拿去照着做的行动计划；

第七步，也是最后一步，立刻开始行动。

再回过头看看我们今天聊的三点：扭转认知、付诸行动和寻找意义，发现了没有，走出抑郁，其实就是一个反思—行动—再反思—再行动的过程。其实不只是抑郁患者，任何一个人要做到最后一点都不容易，但追求意义的行动本身就是我们心灵最坚固的一道防火墙。

今年的高考刚结束时，我收到了大量和专业选择、未来规划相关的求助私信，在日常的教学工作中，我也会接触很多不时抑郁一下的迷茫学生。他们都和你一样，挣扎于虚无琐碎与诗和远方之间。不论是这些小伙伴，还是每一位正在努力的朋友，我都希望能和你们一起走过一段漫漫求索路。毕竟有觉知地存在本身,就是一种英雄主义。

Rachel

"回避型人格障碍"不是你的错

亲爱的：

有一种症状叫"回避型人格障碍"，具体表现就是：对负面评价十分敏感，总是怀疑自己被针对或是被讨厌了，明明没有对他们做什么事情，可能别人不经意间一个无意识的微小表情或是动作，就会让他们推断并且相信自己是被排斥的。

这些小自卑和小敏感可能会令人有点莫名其妙：他们明明很优秀却在不断地否定自己，有时还会尽自己所能地逃避一切社交。

为了解释回避型人格障碍是什么，我可能需要引入一些比较专业的说法。

根据《精神障碍诊断与统计手册（第五版）》（DSM-5）现行诊断标准，回避型人格障碍是一种社交抑制、能力不足感和对负性评价极其敏感的普遍心理行为模式，常见的表现就是由于自己的自卑敏感，害怕被拒绝与被讨厌，从而逃避各种形式的社交。

它开始于成年的早期阶段，也就是大约在高中毕业到走进社会的这个初期阶段里，并且存在于各种文化背景下。根据DSM-5诊断标准，满足回避型人格障碍的个体，至少满足下面表格里的四项症状。

回避型人格的症状

1	因为害怕批评、否定或排斥而回避涉及人际接触较多的职业活动。
2	不愿与人打交道，除非确定能被喜欢。
3	因为害羞或害怕被嘲弄而在亲密关系中表现拘谨。
4	具有在社交场合被批评或被拒绝的先占观念。
5	因为能力不足感而在新的人际关系情况下受抑制。
6	认为自己在社交方面笨拙、缺乏个人吸引力或低人一等。
7	因为可能令人困窘，非常不情愿冒个人风险参加任何新的活动。

也就是说，表格里的七条症状中，如果符合了四条以上，就有回避型人格障碍的可能。你大概还听过一个类似的概念，叫"回避型依恋"。需要注意的是，虽然听起来很像，但其实回避型人格障碍和回避型依恋模式是完全不搭边的两个东西。回避型依恋基于的是一种相信自己，但不信任他人的内部工作模式，这些人讨厌的是关系本身，因为他们觉得过度亲近的关系是危险的、自己也不需要这些亲密关系。而回避型人格障碍正相反，他们并不排斥和他人建立亲密关系，甚至是渴望亲密关系的，他们的问题是不相信自己能够在社交中表现得够"好"，是对自己的否认。

尽管这两者最后都会导向一些社交问题，但二者的行为模式和内部逻辑都是完全不同的。

还有一点我要说明一下，这些诊断要素对于非专业人士来说是仅供参考的，最好不要私下自我诊断。心理学中有一个不成文的东西叫作"心理学大二生效应"。很多学校的心理学专业往往会在大二开设异常心理学课程，由于心理异常和正常之间的界限相对模糊，在学习的过程中，这些本科生很容易就会把自己的一些日常表现带入这些疾病的诊断中，导致一学期下来，觉得自己既抑郁又焦虑，好像还有点精神分裂的倾向。我当然不希望你或者你的闺蜜陷入这样的怪圈——任何人最好都不要。所以，如果你感受到了持续性的深刻困扰，觉得自己可能患有某种疾病，一定要到专业的医疗机构，寻求专业人士的帮助。

再说说回避型人格的成因吧。

回避型人格是由两方面的因素造成的，一方面是基因作用，另一方面是经历和教养方式。这两方面又非常容易在成长的过程中产生相互作用，因为与你共享基因的人也同时会是养育你的人。我们的基因行为学研究指出，回避型人格障碍的遗传系数在0.64左右，也就是说享有同样基因的同卵双胞胎，一方是回避型人格障碍的话，另一方也是回避型人格障碍的可能性比没有血缘关系但在同一个环境中长大的个体要多出64%。需要注意的是，这并不意味着回避型人格的发生有64%取决于基因，而是基因在影响不同人之间的患病率差异上发挥的作用——可能有点绕，简单总结一下，就是回避型人格的出现是会受到基因影响的，但我们的成长环境在回避型人格的形成过程中也发挥了很大作用。结合你闺蜜的情况，我们不妨重点讨论一下家庭因素是如何影响回避型人格障碍的形成的。

有一个在小朋友成长中非常常见又典型的例子，就是在和家长一起逛商场的时候，小朋友指着一个昂贵的玩具问："这是什么？"不仅没有得到耐心回应，还被家长皱着眉头指责："别给动坏了，不然把你卖了也赔不起。"

这种拒绝会让我们在幼年时期就产生对拒绝的恐惧感，久而久之，我们就不敢再积极主动地提出自己的诉求，从而在社交中变得被动，甚至是逃避。研究者认为，回避型人格障碍，正是在这种充满拒绝和否认的家庭环境中形成的。研究指出，个体早期被抛弃、被抑制情绪表达等糟糕经历，能够显著预测我们出现回避型人格障碍的风险。

当然，这并不是说每一个童年被拒绝、被压制的孩子，长大后都会出现回避型人格障碍。说到底，决定我们命运的终究还是我们自己。如果我们在成长过程中，能够找到真正支持自己的朋友，或者一些自己喜欢且擅长做的事情，也可以有效增强我们的自我价值感，让我们面对他人时更加自信。

说了这么多，该聊聊怎么帮助你的这位闺蜜了。尽管研究表明，回避型人格障碍可能会受益于抗焦虑药物、抗抑郁药物、认知行为治疗，以及其他一些心理治疗，但同时也有一件非常令人难过的事，临床心理学家们普遍认为，回避型人格障碍患者是不会主动去寻求治疗的，即使他们意识到自己处在痛苦中，并且试图解除痛苦。

因为他们从来都不敢积极主动地为自己争取自己想要的一切。比起主动出击，他们更多时候的姿态是沉默、被动与逃避。尽管非常想要摆脱这样不健康的思维模式，他们却没有办法踏出这一步。共病的情形在回避型人格中是非常普遍的，这是因为不健康的思维模式与认知会导致非常多的情绪问题，如抑郁、焦虑，甚至是另一种人格障碍，比如边缘型人格障碍。

那么，作为他们身边人的我们，该如何帮助他们呢？我的建议是，"耐心"和"肯定"是两个重要的关键词。在与回避型人格的相处中，我们时常会觉得莫名其妙：明明大家一起玩得很开心，他们却会觉得自己被讨厌、被排斥了。比起觉得他们很奇怪，然后远离他们，我们应该给予他们多点耐心、多点关怀和理解，并且一定要坚持鼓励他们，让他们在你的鼓励中意识到，他们其实非常棒，完全不是自己想象中的那么糟糕。

回避型人格一般都是非常被动的，这时候我们就需要做主动的那一个。他们往往不会提出自己的需求，所以我们就需要去询问并引导他们说出自己的需求。正视他们的需求和喜好会让他们有一种"不会被拒绝与排斥"的安全感，他们也会把你视作自己推心置腹的好友的。

说了这么多，你可能也发现了，其实对待有心理困扰的朋友和对待其他人一样，耐心与肯定都是很重要的。所以，咱们不用刻意地区别对待，他们也都是丰富的、立体的、有自己人格和动机的个体。从大的方面讲，我们可以从自己做起，塑造一个友善、温暖的社会环境，就是我们能为回避型人格障碍患者，也是为每一个像你我一样的普通人能做的事情。

Rachel

"冒名顶替综合征"不可怕

亲爱的：

今天来聊一聊"冒名顶替综合征"。

所谓"冒名顶替综合征"，就是一种不认可自己的成就、感受不到自我价值，认定自己目前所有成就都是虚假的，总有一天会被拆穿的心理学现象。

具体感受就是，觉得自己的一切成就都是假象，是周围人对自己的错误称赞，自己是一个暂时还没被揭穿的骗子。有一些在名校或者身处周围全是精英的平台中的小伙伴，可能更容易有这种感受。

说一个我身边的例子吧。我的一名学生在学习能力和工作效率方面都让我很满意，但她却总是觉得自己哪哪都不如同组的其他小伙伴，能够加入纯粹是因为她"套磁信写得还行，并且很善于在面试时忽悠别人"而已。受这个现象所困的人总是自卑的，而且这种自卑很难被客观的成就所打破，因为他们很容易把这些成就解释为"我骗术精湛"而不是"我能力超群"。

但你也不用紧张，"冒名顶替综合征"并不是一种心理疾病，也并不意味着有这种症状的人就是奇怪的、异常的。甚至很多成功人士，比如，物理学家爱因斯坦、《阿甘正传》里阿甘的扮演者汤姆·汉克斯等，都曾公开表示过自己是个"骗子"，并且为自己所取得的成就感到自卑和惶恐。事实上，有个国外的研究表明，大约70%的美国人至少有过一次"冒名顶替综合征"的体验。咱们国内具体的相关数据目前我还没看到，如果你感兴趣的话，也可以开展相关研究呀。

话说回来，虽然不是心理障碍，但这种"冒名顶替综合征"仍旧对身心健康有害，与我们之前常常聊的抑郁、焦虑症状，以及低自尊等心理困扰都有很强的关联。

为什么会出现这种问题呢？已有研究表明，"冒名顶替综合征"和抑郁、焦虑、低自尊和社交失调都有较高的共病率。也就是说，有"冒名顶替综合征"的人往往也更容易受到以上问题的困扰。德国资深全科医生、著名心理治疗师穆逖兮教授从感知、评价、情感和行为四个维度解释了"冒名顶替综合征"的形成。

感知方面，进化本能使得我们更倾向于注意那些与危险有关的信号，因为这会帮助我们在危机四伏的野生环境中更快察觉威胁，保住性命。而在"冒名顶替综合征"的个体身上，这种本能进一步放大，使得我们更容易听到、看到、注意到那些否定我们的、暗示我们还不够好的信息。

而在评价维度，我们对"好"往往会有过度严苛和僵硬的评价标准。对于"冒名顶替综合征"患者来说，他们的世界只有"完美"和"失败"两个极端，就算得到了他人发自内心的赞美，只要没有做到自己心目中的完美，他们就会认为他人是被自己蒙骗了。

再进一步，是我们的情感，也就是说，有"冒名顶替综合征"的个体更容易受到焦虑、羞耻和内疚情绪的影响，而且很容易把这种情感和现实联系在一起。比如被别人拍了一张不好看的照片，很多人都会感到有点挫败。不同的是，一个自信的人往往会把感受和想法分开，她想的就可能是"我刚刚照镜子挺好看的啊，一定是摄影师水平不行，这张照片没有捕捉到我的美貌"。

而有"冒名顶替综合征"的个体则可能觉得"原来我长得这么难看"。这种将情感本身作为证据，而在一定程度上忽视其他的实际凭证的倾向——这被我们称为"情感型推论"，也就是只以自身情感作为依据，而没有客观事实做支撑的推断。然而，因为这种情绪反应往往是更直接、更强烈的，所以，我们很少会质疑情感型推论的合理性，而是在这些焦虑、羞耻、内疚之下真的觉得自己其实就是一个差劲的人。

最后，在行为层面，和之前打电话，聊CPTSD时讲到的很类似，在压力的情境下，我们往往会出现"战斗、逃跑或僵住"的反应。"冒名顶替综合征"的这些反应会比普通人更加强烈，这些行为使得他们在处理这些压力事件时需要付出比一般人多很多的精力。长此以往，必然会感到精疲力尽，而看着身边充满"松弛感"的同学和同事，也就很容易陷入一种怀疑：是不是我真的比别人差呢，为何他们轻轻松松能做的事情我要做得这么吃力？

所以，总结一下，直接形成"冒名顶替综合征"的有感受、评价、情感、行为四个层面的因素，这些因素共同作用，夺走了我们生活中的"松弛感"。而形成这些因素的原因既包括我们的个人特质，也有原生家庭等环境因素的影响。比如，一项2002年的研究就发现，大五人格中的神经质维度得分越高，受"冒名顶替综合征"影响的程度也越大，而另一项2022年的系统性综述则说明，家长对孩子的过度控制和过度保护都与"冒名顶替综合征"呈正相关。另外，穆逖兮教授也指出，社交媒体对生活的过度粉饰也是我们加重"冒名顶替综合征"的一大祸首。

但无论什么原因让我们对自己失去了自信，产生"冒名顶替综合征"，我们始终要记得，我们所学习到的技能、所做出的成就、我们给他人带来的积极改变都是切实存在的。即便在短期之内很难接受自己的优秀，我们至少也可以抱着一种"Fake it until make it（先假装，直到自己真的能够做到）"的这种心态，把这种所谓的"假装"看作我们学习进步的一个过程。当然，由于这种综合征给我们带来了上述的一系列负面影响，及时调整也是非常有必要的。

"冒名顶替综合征"背后的成因多种多样，但在扭转这些症状上，我们还是要回到前面说的感受、评价、情感和行为四个方面。具体的技术有很多，今天我按这四个方面先简单介绍几个。

在感受方面，我们可以有意识地多注意自己的优势和长处。当然，我能够理解，对于一个常年都在否认自己、给自己"挑刺"的人来说，发现自己的优点是很困难的。还记得"刻意练习"的方法吗？先有意识地规定自己每天想至少一件自己的优点，然后在反复的练习中形成"肌肉记忆",习惯成自然。你可以拿一个小本子,每天记录至少1~3件能证明自己很优秀的事情,这样坚持一周,相信你对自己的看法就可以发生很大变化。

在评价方面,我们要有意识地去观察自己自动化的评价标准。这就需要我们对自己自动产生的想法进行一些剖析,去分析背后反映出怎样的评价标准。我们可以有意识地注意自己的想法,并把它记录下来,然后反复地追问自己为什么。比如你今天产生了"这场考试考砸了,我真失败"的想法,你就要追问自己:"为什么考砸就是失败?是谁规定的考好就是成功?如果没人这样规定,那我为什么要这样想?"

追问这些为什么,可以帮助我们发现那些潜藏在想法之下的评价标准。当识别了这些标准后,我们就可以用更温和的标准,来重新描述这个想法,比如"通过这场考试,我发现了曾被自己忽略的不足之处,这让我在未来有了更大的进步空间"。用这样的表述方法,是不是就可以卸下一定的心理负担了呢?

而在情感方面,我们则可以通过反复、故意让自己暴露于所恐惧的情境中,来降低对这些刺激的情绪反应。比如说,你可以闭上眼睛想象自己在毕业答辩PPT上出现了一个错别字,然后观察你此时身心的各种变化,比如是否脸红?是否心跳加速?同时想象这会出现哪些后果?答辩没过还是被导师批评?尽可能生动地想象和体验这件事情的恐怖,直到你的恐惧达到一个高峰。

当你感到这种恐惧已经超过自己的承受范围时,立刻停下来,转过头思考另一种可能性:可能听众并没有发现这个错误,因为他们也没有看过原稿。你的导师可能捕捉到了，但他觉得既然不是专有名词写错了，整体句意没影响，也不是什么大事。随着我们慢慢地思考事情的另一种可能性，你的身体也会慢慢放松下来。随着心绪的平复，你可以再次睁开眼。这时，你就会发现一切都是想象，你正安然无恙地待在原地。通过反复暴露和脱敏，我们的恐惧情感也会慢慢减弱，直到回归一个合理的范畴。

最后，在行为层面，针对不同的惯用策略，我们可以有意地做一些"反其道而行之"的练习。如果你比较倾向于过度准备的战斗型反应，那就和同学、同事了解一下他们完成工作一般要多久，然后强迫自己做到这个时间后便停止继续工作；如果你习惯拖延的僵化反应，就将事情分解成小到能按部就班去做的事情，然后逼自己现在就做；等等。在这一层面，一定要根据自己的情况具体问题具体分析，选择最合适自己的练习方法。

其实，除了行为层面的调整，其他几个层面的调整方法也是多种多样的，需要根据自己各个层面的具体表现、每天能够留给练习的时间精力等等因素合理选择和安排。最后，再推荐一本书给你吧——《冒名顶替综合征》，它是我们前面提到的穆逖夼教授根据自己多年的临床咨询经验亲自编写的，是一本兼顾了理论介绍和实践指导的一本小册子。

在前半部分，作者非常详细地介绍了"冒名顶替综合征"的表现和形成原因，而在后半部分，作者则从前面提到的四个层面非常翔实具体地介绍了超多我们自己就可以做的练习方法。我个人最喜欢这本书的一点，就是它还配套了供我们练习使用的小册子，可以帮助我们更好地践行。我自己试着做了一周练习，也就是每天记录自己的优秀证明，做完感觉自己自信得更有底气了，也非常希望你能够尝试一下，一起发现那个闪闪发光的自己。

把夸赞自己变成一个生活习惯。现在的社会，过度的谦虚并不会给我们带来太多好处，但相信自己、积极自信一定会让我们变得闪闪发光。

Rachel

别担心"社交牛杂症"

亲爱的：

心理学家阿德勒曾说："一切烦恼的根源，都来自人际关系。"

开学季到了，我身边有一些小伙伴开始步入新校园，或者入职新工作了，我也听他们聊起过关于新环境适应的问题。

有人问："老师，我在曾经熟悉的环境里是完完全全的'社牛'，到了新环境以后，没有了熟悉的朋友，自己就每天都小心翼翼的，不敢和人主动讲话，好像变成一个'社恐'了，我到底算是'社牛'还是'社恐'呢？或者我算是'社交牛杂症'吗？"

你看，他也用到了"社交牛杂症"这个词。我倒是觉得，在讨论自己是不是"社交牛杂"之前，还得先问一句，到底什么是"社交牛杂症"呢？

我们先把"社交牛杂症"定义为一种在超级外向和超级内向两种状态中反复横跳的行为模式。或者用间歇性特别潮的MBTI的概念来说，就是一会儿是个E（extrovert，外向），一会儿是个I（introvert，内向）。这里顺便提一下，MBTI虽然很火，但咱们对其结果的解读需要谨慎。心理学研究也证明人们在不同的时间、不同的环境、不同的心情状态下测，都会影响MBTI的测评结果。这个一方面证明了MBTI不能算一个可靠的测量工具，但另一方面也启发了我们，就是无论"社恐"还是"社牛"，其实会受到环境很大的影响。

举个例子，很多"社交牛杂症"都有一个共性，就是有非常亲近的朋友在场的时候就天不怕地不怕，"只要我不尴尬，尴尬的就是别人"。一旦身边没有了熟悉的朋友，自己就会变得非常内向。当然我也遇到过完全相反的人。

另外，对于"社交牛杂症"另一个概念上需要注意的问题是，其实很多人的内向都远远达不到"社交恐惧症"的程度，千万不要盲目给自己贴标签。比起"社牛"和"社恐"，我可能更习惯用心理学中的内向性和外向性来定义这种情况，我们姑且把"社交牛杂症"叫作"内外横跳症"。

我们一般认为，外向和内向的概念最早就是在大五人格（OCEAN）理论中提出的，这是人格心理学领域革命性的一场发现。感兴趣的话可以去了解一下，还可以自己尝试完成一下这个测验，这个无论是对于了解自我还是将来的职业选择都可能会有一些帮助。

那么我们刚才说的这个集"社恐"和"社牛"于一身的"内外横跳症"到底是什么概念呢？沃顿商学院的心理学教授亚当·格兰特的研究表明，其实三分之二的人群都不会把自己明确地划分为内向者或外向者。几乎一半以上的人都是模糊性格者。

他还对340名销售人员做了一个研究,他发现拥有模糊性格的模糊性格者比其他销售人员的业绩多出了51%。

为什么这些既不是完全内向也不是完全的外向的模糊性格者能够成为最成功的销售人员呢?可能就是因为他们的性格是可以依环境变换灵活改变的。换句话说,这些模糊性格的人由于对于不同的环境有着更好的适应能力,这种随机应变的能力让他们更容易深得人心。所以,这么看来,在一些场景外向而在另一些场景内向的情况,不仅不是一种问题,反而可能是你适应能力强的一种表现呢。

所以我觉得,其实说白了,所谓的"内外横跳症"或"社交牛杂症"的"患者"其实就是一群非常认真在维护自己社会关系的人。他们只是希望,并且努力地与各种性格的人愉快相处。比如,我在信的一开头提到的那位典型的"社交牛杂"的学生,据我观察,她是按照"未来有交集的可能性"这个维度来把人区分开的。对她来说,就算身边有十分相熟的朋友,如果是"需要在将来长久相处"的人,她仍然会很注意自己的一言一行。但是如果对方是她认为之后再也不可能有交集的人,比如路人、陌生人,不管身边有没有相熟的朋友在,她都会有一些肆无忌惮。所以她的寡言少语,反而正是她注意自己言行的表现。

说了这么多,我们之所以如此关注这个话题,就是因为社会关系对我们很重要,关系到我们的身心健康和工作生活的各个方面。所以我们所谓的"内外横跳症""社交牛杂症"的朋友们,可能正是意识到了社会关系的至关重要性,才会这样尽可能地变换风格，努力维护不同的社会关系。所以这么看来，"社交牛杂症"不仅不是问题，反而可能是一种人际交往的优势呢。

不过在信的最后，我还是希望我们每个人都尽量活出自我，展示自己最真实的一面。因为在人际关系中，我们真诚的表现、真情的流露，比所谓的交往技巧，更能让自己和他人同时感觉舒适，也更有利于关系的进展。

所以，如果你今天碰到了自己感兴趣的话题，表达欲爆棚，就大胆开麦，说出你的想法；如果你喜欢多想少说，没有什么想分享的事情，也完全可以按你自己的意愿，安静地做自己。就像心理学上经典的聚光灯理论说的那样：其实你的一举一动，并没有你想象的那么显眼和重要，而真正的朋友喜欢的，也一定是那个最真实的你。

Rachel

让你更快乐的"抱抱荷尔蒙"

亲爱的：

"如何让自己变得更好？"很多人都这样问过自己。

回答这个问题之前，我先考你一道小题："快乐的时候，我们身体分泌什么激素呢？"

你的脑海里是不是迅速飘过了一个答案："多巴胺"或"内啡肽"？

其实，我们身体里还有另一款让你快乐、减压、改善情绪、想要亲近别人的荷尔蒙，叫催产素（oxytocin）。这个激素还有两个特别可爱的官方昵称，叫"抱抱荷尔蒙"（cuddle hormone）和"爱的荷尔蒙"（love hormone），因为它也会在我们被拥抱时或者感到被爱时分泌。

"抱抱荷尔蒙"由大脑中的下丘脑产生，由垂体后叶释放。它是一种被很多人误解了的激素。

最常见的就是，催产素这个名字可能会让人认为它只是一种女性荷尔蒙，因为它确实与分娩和哺乳有关。但很快科学家们就搞清楚了，它对男女都很重要。例如，对男性来说，在参与养育人类幼崽时也会分泌大量的催产素，这会让爸爸和婴儿之间变得更加亲密。

对催产素第二个常见的误解就是觉得，这个激素只跟繁衍后代和育儿相关。当然啦，催产素确实对生育过程非常重要。比如说，研究很早就发现，催产素在分娩期间可以加强分娩收缩，同时帮助控制产后出血。此外，催产素还可以支持母乳喂养，让母亲和父亲即使在初为人父和人母的时候，更关爱自己的小宝宝，也更能保持平静去照料他们。这也是为什么科学家们给催产素起了"爱的荷尔蒙"这么一个昵称。

但是呢，后面很快就有研究发现，这个名字远远限制了我们的想象力，其实这个"抱抱荷尔蒙"或者说"爱的荷尔蒙"对我们的社交、恋爱、压力调节和身心健康等好多方面都具有重要意义和功能。

研究表明，催产素可以促进人际关系、减少压力、改善睡眠、调节情绪、提高免疫力、促进身心健康。最神奇的是，它在我们体内的含量还和我们的恋爱息息相关。比如，催产素的分泌浓度跟对伴侣的忠诚度有直接关联！所以这难道是在说，仅从生物学的角度上看，或许所谓的"渣男体质"是真实存在的，也是真实可以抢救的呀！比如，我在想，是不是给高危对象多吸入一些催产素，可以提高他们的忠诚度呢？

说到这里，你可能会感到有些奇怪：我们还可以人工干预催产素浓度啊？答案当然是肯定的，催产素这个东西这么好，我们当然想提高自己和身边人的催产素浓度了呀，对不对？好消息就是，真的有办法，而且还有很多。接下来我就来介绍几个。

第一个方法就是身体接触。

当我们和别人拥抱、握手、亲密接触，甚至仅仅被别人拍了拍肩膀，我们的身体都会释放出更多的催产素。所以说，如果你想和身边人的关系变得更好，或者只是想在自己偶尔累了倦了的时感受到来自外界温暖的情谊，可以根据你们的关系和对方进行适宜的肢体接触。但是注意哦，一定是适宜的肢体接触，过于亲密的肢体接触可能会突破人与人之间应有的边界感，反而有些尴尬。还有就是，接触你喜爱的宠物也可以达到同样的效果。我们经常看到身边养狗的朋友们好像更快乐更平静，可能就是因为经常有这些随时可以大胆抱抱的毛茸茸的朋友在身边，可以随时促进催产素的分泌呀。

第二个方法就是分享，包括送给别人礼物、收到礼物都可以提高我们在当下的催产素水平。

类似的还有和他人分享食物、接受和倾诉对彼此的想念和爱意等都可以。千万不要小看送礼物、记住纪念日、说甜言蜜语这些小细节。因为这些行为都可以增加催产素分泌，让你和对方都感觉更减压、更快乐、更亲密。不过，前提是要表现出来，不然自己心里知道是一回事，不表现出来的话，对方根本感受不到，那催产素也救不了啊。

我们独处的时候，也有很多方法可以帮助我们提高催产素。比如说，一个人的时候，我们可以选一首自己喜欢的、舒缓的音乐，再给自己来一个精油按摩，然后打开相册回顾一下和好朋友在一起的美好时光，最后还可以和让自己感觉放松的人通一个电话。这些都是可以的。有研究表明，这些听音乐、按摩、使用精油、看喜欢的人的照片，包括和亲朋好友通电话，都可以有效提升我们体内的催产素水平，让它发挥其应有的效用。

催产素的产生和我们与他人之间友好、亲密的关系其实是相辅相成的。社交接触会导致催产素的爆发，催产素又会给那些保持良好关系的人积极、平静的幸福感，然后进一步加强人与人之间的亲社会行为。

简单说就是，两个人之间的关系越友好亲密，待在一起的时候各自的催产素分泌就会越多，而催产素越多，两个人之间就更加亲密友好，形成了一个上行螺旋。所以无论从哪一步开始，我们都可以随时大胆进入这个让抱抱荷尔蒙进入正循环的过程。

不论是基因还是激素，都不能够武断决定我们是谁，以及和谁在一起，我们并不是自己身体的奴隶，而是可以发挥主观能动性去积极影响自己和别人的重要个体！我们有很多办法可以去改善我们和自己，以及和周边人的关系，通过向他人释放善意让我们之间的"化学反应"进入正螺旋，让生活变得更美好。

所以，暂时忘掉咱们之前讨论过的研究，暂时忘掉"我们对彼此第一印象的吸引力其实受到生理同步性的影响"，坚定地相信和行使你对自己身体，对自己生理过程，对周围环境，还有对自己人生的主动权，毕竟，我们都是世界上独一无二的、有思想的、不可替代的那个自己。

Rachel

02

现在就开始做更好的你

像运动员一样对抗压力

亲爱的：

　　对于我们普通人来说，奥运会带来的都是兴奋和期待，但对奥运健儿来说，情绪就复杂得多了，这就好比面临大考前的我们，焦虑和压力夹杂在考试的兴奋当中，甚至它们到了某个点，远远超越了后者。

　　但焦虑这个东西吧，实话实说，没它不行，但太多了就绝不是好事了。我有点倾向于把焦虑对我们表现的影响，看作一个倒U形的曲线：焦虑水平太低的时候，证明我没有重视这件事啊，那就根本不可能有所谓的超水平发挥；可是当它过分多的时候，就会出现一种现象，就是你越是怕搞砸，就更容易搞砸。

　　运动心理学里有一个词，叫choking，它到现在都没有一个很合适的中文翻译，本来的意思指的是"呛到，噎到，甚至窒息了"。所以，如果用在比赛场上，我们把它暂时翻译成"呛比赛"吧。意思就是说，跟一个运动员自己的实力和他以往的成绩相比，他在赛场上展现出的实际表现，要远远低于预期，这种情况就是呛比赛了。很多那些你在电视上看到的，有的甚至是很伟大的运动员，马上要赢得一场重量级的比赛的时候，可就在最后几下，突然因为发挥失常，被反超了，被逆转了，有的甚至退赛了，这都是choking的表现。其实不只是运动比赛，任何需要我们展现实力的时候，都有可能因为过分多的焦虑和压力，造成choking。

看到这里，你肯定也很关心一个问题，那就是：运动员应该如何去处理这些焦虑和压力，避免choking呢？希望我接下来的建议可以给你带来一些启发。这些建议其实不仅仅适合运动员，我们在生活中学习中，涉及至关重要的发挥的时候，如何才能避免出现越怕搞砸越容易搞砸的情况，如何避免我们"呛考试""呛表演"等，这些策略都有可能会带来帮助。

其实要帮助焦虑个体，可以做两件事，都做好了，那么焦虑自然会降低，表现也自然会变好。

首先，就是要让焦虑个体，不要过分关注"要比赛了"或者"要考试了"这件事，特别是不要过分去关注"这件事万一没弄好"的后果。

我们知道，一个人想要在自己能力范围内发挥出最好、最理想的程度，也就是想要超常发挥，就需要进入一种状态，就是伟大的积极心理学大师米哈里·契克森米哈赖提出的"心流"状态。想要达到这个状态，你就不能去主观命令自己的大脑，去过分关注自己的每个行为，或者去反复监测所有人对你要做的这件事的反应。因为这种无时无刻的关注、监测，过分占用了你的大脑资源，阻碍大脑在你真的需要发挥时能够达到心流状态。

事实上，研究也发现，那些习惯性choking比赛的运动员，其实就是那些经常性地质疑自己的人，"我的动作看起来是不是有点奇怪"，"教练是不是对我不满了"，"裁判和观众会不会觉得我有点傻"，"我会不会因为这次比赛不好就要失业或者被踢出团队了"，等等。这些过分的关注和监测会使运动员没有办法真正投入他们要做的具体的任务当中，因为他们的大脑资源被过分占用了，很难超常发挥。

我们在考试中也一样，如果一直去想，"我万一考不好了怎么办"，"我是不是真的比别人笨啊"，"我爸妈、我女朋友会不会因此看不起我"，这些想法都是会占用我们有限的认知资源的。当达到了某个点时，最终就可能引发choking考试。

所以，我也常跟身边同学们说，"当你觉得自己的焦虑已经过分多了，多到你难以应对，远远超出它能给你带来积极感受的程度，变成了负累。这个时候大家可以做的，就是去做具体的事，比如哪道题不会就去练习，去请教，去思考这道题的解题步骤或技巧，而不是去想'我如果考不好，会发生什么'以及其他一系列这件事万一真没做好会带来的后果。你会发现当你释放了这部分大脑资源后，你反而更可能在能力范围内做到更好"。

另外一个策略，就是改变我们对压力的看法。通常我们都把压力当作了一种需要解决的问题，但你有没有想过，压力其实也可以帮助我们提高表现呢？哈佛大学的一项心理学研究就证明了这一点。

这个研究中，参与者被随机分为两组。对于第一组，研究者告诉他们：身体上因为压力感受到了一些变化，这代表你的身体在帮你储存能力，去应对接下来的挑战，你只需把它们看作你的身体在传递信号给你。你加快跳动的心脏其实是在为你的行动做准备。你越发急促的呼吸，会给你的大脑带来更多的氧气。而对于另一组参与者，研究者则什么也没说。

你猜猜看，这两组参与者的后续表现是怎样呢？

结果发现，那些学会将压力反应视为有助于自己表现的参与者，面对压力测试时，他们的焦虑得分更低，自信得分更高。而且更有趣的是，两组参与者在任务中的生理变化居然也呈现出了不同的模式。

在一个典型的压力反应中，我们的心率一般会上升，血管会收缩。但在这项研究中，当参与者认为他们的压力反应是对自己有益的，他们的血管和心跳都会保持放松，这样的心血管状况通常会出现在我们感到快乐和充满勇气的时候。研究者继而总结，如果从更长期来看，这两种状况的差异可能会决定一个人50岁时就心脏病发作，还是90岁时还生龙活虎。

所以，同样引申到运动赛场和我们的生活中，有一件事我们可以肯定，就是追求意义比避免不适对健康更有益。

不论是不是像运动员一样，要经常应对竞技赛场上的压力和挑战，生活中我们总是要做一系列的选择，就像运动员一样，有的选择很明显会比另外一些给我们带来更多的压力。这些研究结果其实是告诉我们，不要只因为压力的高低做决定，而是要选择那些能带给我们更多生活的意义，以及从长远看来让我们感觉更快乐的事。然后我们要做的，就是相信自己做了这个决定之后，能处理随之而来的挑战。那么这时候才是真正的"让压力为我们所用"。

所以，不管是在生活中还是在比赛中，如果被焦虑困扰了，先做到不让焦虑占用我们过多的大脑资源。焦虑的时候就去做一件件具体的事，而不是反复琢磨自己搞砸了之后会出现的后果。再就是相信自己的压力应对系统，压力也可以变成我们的朋友，帮我们的身体更好地应对接下来的挑战。选择更有意义的事情，而不是一味规避压力。

Rachel

激发自己的内驱力

亲爱的：

我在读本科的时候也有过这样的经历：嘴上说着等下个学期开始一定要好好学习，可真的等到开学了，却没几天就恢复了懒散的样子。

当时的我有过很多想法，不知道你有没有这些疑虑：为什么有的人成绩那么好？为什么同样的作业要求，有的人马马虎虎应付了事，有的人却总会超标准地完成了呢？明明看到别人取得好成绩的时候自己也会羡慕，但到了该努力的时候就是不想学习，无论怎么给自己加油打气就是坚持不下去。在思考这些问题时，我发现了学习背后的一些小秘密。

在揭示这个小秘密之前，我想先来请你认真想一想，为什么有的人爱学习，有的人却不爱呢？你可能会觉得爱学习的人是因为自律和努力，但深究下去的话，为什么有人能坚持不懈地自律和努力，而有的人却只能"爱你不过两三天呢"？

其实啊，爱学习与不爱学习之间的秘密，就在于内驱力（intrinsic motivation，也叫"内在动机"）。不久前收购了推特的马斯克在近几年不断地就内驱力的话题发表过演讲，从白手起家到世界首富，他一再强调内驱力是成功的关键。那么内驱力到底是什么呢？

想要了解内驱力，我们首先要从驱力讲起。我们在做每件事的时候都需要一个驱力，有时候是内驱力，有时候是外驱力，而有时候还会有内外共同驱动的情况。"驱力"这个概念最早由美国心理学家伍德沃斯（S.Woodworth，1869—1962）于1910年引入心理学，被用来解释机体行为的动力。这一概念强烈反对在19世纪末20世纪初占主导地位的本能理论。本能理论就是说，人的活动是天生就安排好的，这种被安排好的本能是人和动物一切行为的动机，比如他认为人想要喝水和吃饭都是出于本能。而伍德沃斯则认为，是所谓的"需要"驱动了我们行为的因果机制，比如喝水是因为渴了，吃饭是因为饿了或者是馋了，这种所谓的"需要"引起了我们的紧张状态，所以我们才会产生要去喝水或是吃饭的动力去消除这种紧张的状态。

而内驱力是什么呢？想要理解内驱力，就需要同时理解外驱力的含义。其实从字面意思我们也能大致猜到一些，外驱力存在于有机体外部，内驱力存在于有机体内部。用大白话来说，外驱力是"因为想要奖励所以才会想去做这件事"，内驱力就是"就算没有奖励自己也会想要主动去做这件事"。我们可以类比遛狗的过程来进行理解。对于小狗来说，它们自己想要行动的方向就是内驱力，我们手中的牵引绳就是外驱力。你在街上见过大型犬因为劲儿太大拉着自己的主人到处跑的场景吧？这就可以很形象地阐述内驱力和外驱力产生冲突的样子。家长说这次考好了带你去旅行，这个规则就是外驱力，你自己不喜欢学习，这是内驱力，考好然后去旅行，这是外驱力。你又想去旅游又不想学习的时候，就是你的内驱力和外驱力在打架呢。

而对于爱学习的人来说，内驱力就是他们的制胜法宝。比如我身边其实就有很多这样的同学，一个比一个拼，而且他们不是那种被老师和成绩驱使的拼，很多时候就算是一个要求很简单的任务，他们也会拼尽全力去做到超出标准的完美。这是为什么呢？因为他们真心喜欢做这件事，他们的动力不仅仅是获得某些奖励，而是在学习的过程中他们就会获得满足感。

所以，想要把一件事做好，内驱力也是很有必要的。无论是学习、工作还是身体管理，单纯靠外驱力往往会对人的意志力造成极大的消耗。而对于被内驱力驱动着的人们来说，他们知道自己想要什么，并且在追求这件事的过程中就会得到满足感，这就让他们不需要消耗意志力也可以很好地坚持。

那么该如何激发内驱力呢？说到这里，我们又不得不提到"心流"这个概念。"心流"这个概念最早由心理学家米哈里·契克森米哈赖提出，名字太复杂了，我们就姑且亲切地称他为老米吧。老米观察到一些人在工作的时候全神贯注地投入，甚至会经常忘记时间的流逝以及对周围环境的感知，从而达到一种效率极高、状态极好的境界。而心流在心理学中就是指人们在全神贯注地做一件事时，投入已经忘掉了时间流逝的心理状态。我们只有在做自己真正喜欢的事情时，才有可能会进入这个状态。

因此，想要激发内驱力，就要在这个你必须做的事情上找到乐趣所在，尽可能地调动你的好奇心。爱因斯坦说过，兴趣是最好的老师。当你发自内心对一样事物产生浓烈的好奇心之后，你就拥有了源源不断去主动探索的动力。与其像完成任务一样去强迫自己学习，不如从自己最感兴趣的科目和话题入手，然后尽可能地用解谜的心态去探索这个科目。在这种好奇心的驱使下，相信你很快就能进入高度专注的状态。相信我，尝到专注的甜头之后，你会对这种投入学习的感觉上瘾的。而且这种上瘾的感觉可以迁移，可以慢慢把它再迁移到可能一开始你没那么感兴趣，但是不得不学的科目上，而当在内驱力的驱使下你越来越擅长这些科目之后，你就会产生更大的内驱力继续探索和学习，形成了一个正向的循环。学习和工作慢慢就不是痛苦的事情，而是你可以从认知、情绪和行为等多个层面重塑并且体会到各种乐趣的活动。

那最后呢，也希望你能给自己一些耐心，即使目前都没有体验过心流感，也没关系，这并不意味着你没有专注的能力，只能说明你可能暂时没找到最合适的方法或者心态。只要抱着坚定的心态去勇敢探索，就总会找到最合适自己的方式。而且学习本来就是一辈子的事，我们慢慢来。

Rachel

躺平不是对抗焦虑的唯一办法

亲爱的：

前段时间有个热搜："躺平后我更焦虑了。"我当时感觉这心态真的太真实了。现在各行各业的人都非常内卷，大家都处在极度焦虑的心情下，有许多人选择了"躺平""摆烂"，上班摸鱼，甚至辞职回乡。然后发现，躺平了、逃避了，没有不焦虑，反而更焦虑了，"娜拉出走"的结局可能不像咱们想象中那么美好。

先说说人们为什么会焦虑吧。很多时候，焦虑是因为达不到我们想要的目标或者预期。比如说，你想考上心仪的大学和专业，但一想这个目标的难度和随之带来的压力就会痛苦，强烈的焦虑就产生了。这时有两个办法：

一个是放弃这个目标，看淡这个事情。比如，你就告诉自己，考上那个大学和专业可能也就那样吧，某某大学毕业生不也找不到工作吗？但问题是，你人虽然躺下了，心可能还是悬着的，心里还是觉得这事儿其实很重要。如果装作不在意的方法不适合你，你没办法做到真的不在意，那么就来试试我下面要说的方法吧。

这个方法是我们几位心理学老师和合作者通过自身的体会，

在结合心理学研究结果的基础上总结出来的。当时是疫情防控最严重、工作压力最大时，这个方法对我们自己起到了绝对显著的抗焦虑作用。概括来讲，这个方法就是，去做自己掌控范围内的事。

疫情防控刚开始那会儿，很多人，包括我和身边的朋友都非常焦虑。因为一刷社交媒体，都是坏消息：确诊了多少人、各种求助，那是无边无际的焦虑感。这样的焦虑情绪，来源于这件事情完全不受控制，我们感觉自己好像对于改变这种局面无能为力，觉得自己的专业好没用，文不能研究疫苗，武不能临床治病，产生了深深的无力感。

后来我们几个好朋友聊天，觉得虽然自己做不了直接解决问题的事情，但是也可以在力所能及范围内做点相关的事情，去积极对抗焦虑。我们当时就开始研究疫情怎么影响人的心理，包括情绪调节、心理健康、理性决策等，每天增加几个小时大家沟通开会的时间，一起设计研究、收集数据，计划给特殊群体提供心理疏导讲座。虽然变得更忙了，但是你会发现心情却变好了，甚至到后来有了读者信箱，让我想持续不断地跟大家分享积极改变自身的心理学知识。所以你看这件事情，本身可能对引发我们焦虑的事情没有太大的帮助，但是它产生的意义感——尤其是觉得自己在做事情，做可控的事情——让我们走出了负性情绪。这也让我们意识到，只要想，我们就能够通过不同的方式和途径，积极影响身边的人。

之所以会用到这个积极抗焦虑法，是因为我们没法说服自己

"别想太多就行了",也就是没法躺平。在能力范围内做一些有关的事情,会有一种"即使环境是失控的,我也还有选择""我还在做点事"的感受。

这里涉及一个心理学的概念,叫控制感(sense of control),就是个体所拥有的"一切尽在我把握之中"的主观感受:感觉生活可以自己做主,去实现自己的愿望,满足自己的需要。比如,很多人会去做志愿者,其实这也是一种通过找回一些控制感来实现自我救赎的方式。具有良好自我控制感的人,往往更容易拥有自律的人生。所以在面临巨大的压力时,选择不躺平,在力所能及的范围内做点相关的事情,也是缓解焦虑的好办法。

我再举个反面的例子,帮助你进一步理解吧。比如拖延症、成瘾之类的行为,会让人感觉自己失控了,没有办法掌控自己的生活。还有如疫情这样的外在因素,会让人产生一种无力感,感觉命运好像不受自己控制,这样的控制感缺乏会引发许多心理,甚至生理问题。

心理学史上有一项非常有影响力的养老院的研究,研究控制感对老年人健康的影响。

研究把老人分为实验组和对照组,分在不同楼层。对于实验组的老人,他们可以决定生活的很多细节。比如,如何布置自己的房间,如何安排自己每天的活动,看什么电影,决定吃什么。而对照组的老人则不需要操心这些,所有的事情都由工作人员来安排,他们没有话语权。实验结果发现:可以自己安排的实验组的老人比对照组的老人更快乐、更积极,健康状况也有所改善。

18个月后，实验组的老人有15%不幸去世，而对照组这个不幸的数字是30%。所以你看，获得控制感是多么重要啊。

试试这个积极抗焦虑法吧，给自己设计一些掌控范围的事情，循序渐进地做。

我还觉得，这个方法有用的另一个原因是获得了社会支持。疫情防控期间，因为社交隔离，很多人都是自己在家，滋生了许多问题。社交对我们有重要意义，在交往中会发现有这么多人关心自己，也能看到这么多人跟我们一样焦虑。焦虑好像不是一个人的困扰，具有共通性——这么一想，你也会感觉好很多。

总的说来，我的观点是：一味消极抗焦虑，选择躺平、逃避是一种办法，但是一定要意识到，并问问自己是否真的能接受躺平。如果不能，就采取积极策略，应对焦虑，在力所能及的范围内积极地做点事情，哪怕只是朝着目标前进一小步，也一定是可以缓解焦虑的一种方式。

Rachel

别让"替代性创伤"影响你的生活

亲爱的：

　　最近网络上确实出现了太多让人难过的新闻。每天打开微博，看到突发的灾难和各类难以甄别真伪的信息，就会让人难过和抑郁。跟事件直接相关的当事人，肯定是非常痛苦的，也是非常需要帮助的，但与此同时，也确实有人会出现和你类似的情况——虽然不是直接跟事件相关，但看到这些铺天盖地的信息，也开始变得特别焦虑和消沉，甚至越陷越深，难以自拔。这很像"替代性创伤"的症状，那么该怎么办呢？

　　别急，我们先来简单了解一下替代性创伤的定义和症状。

　　替代性创伤，vicarious traumatization，这个vicarious本来指的是通过想象他人的感受和经历，去替代性去经历所有的这些，加上后面的创伤这个词，就是去替代性地经历创伤性质的痛苦感受，包括战争和灾难或者其他痛苦；是在强烈同理心的作用下，人们过度卷入事情本身和事件主体的创伤经历所导致的结果。

　　这个概念在早期通常被用来描述心理咨询师、社工等直接助人者在工作中遇到的问题，但事实上，我们任何一个人，当与他人的遭遇产生强烈共情，都可能产生替代性创伤的症状。

这些症状包括由于对遭遇者强烈的共情，产生了过度泛化的恐惧（就是对平时不怕的事情也感到恐惧），然后感到生活没有希望、自尊心下降、情绪起伏不定，就连和身边人的关系质量都下降了，还有一些人会出现跟创伤后遗症患者类似的记忆侵入等症状。

出现替代性创伤的这些症状时，该怎么办呢？我接下来会介绍一些小策略，希望可以帮到你。

首先，想请你了解的是，在这些重大的突然灾难面前，如果我们产生了这些感受都是特别正常的，首先要做的是不要把自己的这些情绪病理化，觉得自己心理是不是出了很严重的问题。并不是这样，其实有很多方法可以帮我们尽快感觉好起来。

第一个非常有效的策略就是压力重评，也就是让我们去重新认识自己的感受，把自己的想法写在纸上，而不是全部停留在大脑里。

当我们看到别人痛苦时，往往会产生一种很紧张、压力很大的感觉。这时候，我们就可以问自己这些问题，比如，让我产生这种压力感的主要威胁是什么？这件事会给我带来哪些后果？

把这些都写下来，写下来这个动作和这个过程可以让我们和自己的想法拉开一定的心理距离，帮助我们更理性地看待它们，而不是被吞噬。

第二个策略就是划清一定界限。和灾难的事件，以及我们关心的受难者划上一些界限，并不意味着停止关心他们和停止关心这件事，而是要平衡关心他人和自己的生活。我们可以给自己关心的事情划定固定的参与时间，然后用自己的事情填满剩下的时间，至少要保证自己正常的生活安排。

比如说，如果你最近明显感觉到这些新闻里负面的消息，每次看到都让你很难过，这种难过的感觉已经开始影响你的工作、学习、饮食、睡眠，甚至让你不想出去见人了。

我的建议是可以规定自己每天用固定时间，比如晚上八点到九点，这一个小时专门用来关心这件事，追踪事件相关的新闻和最新动态。在这个时间段里，我们可以阅读相关的资讯、去看一些援助类的视频。但在其他时间，就要限制自己的这方面的信息摄入，然后给自己安排更多自己的事情，特别是有掌控感的，相对简单的一些事情，比如，去做个瑜伽、跳个操，去跟朋友约个饭、聊个天，或者有条件的，跟朋友一起上自习或工作一个下午——哪怕因为疫情，只能通过腾讯会议互相陪伴一下午，等等，都会有一些效果。我之所以建议在这些安排中，多涉及一些让自己感觉舒服和温暖的朋友，是因为有研究显示人类之间的联结对降低替代性创伤症状是最有益的。

第三个策略，是当替代性创伤症状过度严重时，我们还要做的就是记住要照顾好自己，然后平衡好自己的期望。要告诉自己，我们和让自己产生替代性创伤的对象一样，都是能力有限的、平凡的个体。因此，我们能做的事情也是有限的，我们需要降低对自己能力的期待。因为从心理学的角度来说，我们很多震惊、愤怒、难过，这些强烈的情绪都来自一个巨大落差，这个落差就是自己期待的能力和实际自己能做的事之间的落差。而当我们不再觉得自己振臂一呼就能改变他人和扭转环境时，也就不会经历巨大落差的打击。就像鲁迅先生说的那样，我们能做的就是"有一分热，发一分光"。将预期放在自己能力范围内的事情，会让我们更容易收获心灵的平静。

和其他创伤症状一样，出现"替代性创伤"并不是说你一定比别人更软弱。相反，出现这种症状，说明你有一颗柔软善良的心和很强的共情能力。希望这些方法可以帮你和身边的朋友减轻过度的难过和焦虑。

Rachel

与自己的情绪和平相处

亲爱的：

　　我感觉似乎大家都把"情绪化"看作了一个特别负面的、需要改正甚至远离的问题。我经常看到一种表达，叫"我有的时候会非常情绪化，我该怎么改正？"或者"我的伴侣很情绪化，我该分手吗？"那么，情绪化，或者高强度的情绪本身，真的那么罪无可赦吗？

　　就我自己而言呢，我是觉得能够体会全谱系的情绪其实是种能力。情绪就像精神的碳水化合物，太多当然不好，但如果完全没有，我们的精神就会严重营养不良，变得麻木、空虚。所以我们情绪管理的目标，应该是把情绪控制在合理的强度内，并且让情绪变成行动的助力，而不是打压我们的情绪，让自己变成一个没有感情的机器。那么，我们该怎么做呢？

　　管理情绪的一个方法，就是掌握一套恰当的思维模式。其中，正确的归因方式可以帮助我们更有动力去解决眼下的问题。美国心理学家维纳把归因分为三个维度：第一个维度是内部和外部归因，也就是这个事情是外部因素导致的还是我们自己导致的；第二个维度是稳定性和非稳定性归因,是说导致事情发生的因素是可以改变的还是恒定不变的;最后一个维度是可控和不可控归因,即这个因素能不能被我们有意识地控制。

举个例子,如果我们这次没考好,一个内部、稳定、可控归因可以是"我学习习惯不太好,老是走神",因为这个原因来自我们自身,习惯是一个相对稳定的东西,但我们自己是可以控制的,我们可以通过努力改变自己的坏习惯。而一个外部、不稳定、不可控归因则可以是"这次我运气没那么好",因为运气是随机的,会变的,我们运气的好坏,并不受我们的控制。不知道我这样描述有没有说清楚?你可以自己试着分析一下,在这个情境中,一个内部、不稳定、不可控的归因是什么呢?

问这个问题的原因是,心理学研究表明,当我们遇到负面事件时,内部的、稳定的归因方式更容易引发个体的抑郁体验,而不可控的归因则容易引发我们的习得性无助。因此,当我们遇到不好的事情时,可以尽可能地找找外部的、不稳定的、我们可以改变的原因。比如,没考好可能是在宿舍的复习环境不太好,那我们之后就可以有意识地选择更适合我们的场所,比如图书馆、咖啡厅等。

除了对事件的归因,我们如何给事件定性对自己的情绪管理也非常重要。如果我们将每个事件的结果都按照好坏来划分,那么从概率上来讲,我们总会遇到一些"坏"事。但其实很多事情上,我们可以试着放弃这种价值判断,按"合适"与否给事件下定义。比如你花了很大工夫去学习弹琴,但总是弹不明白,而且

081

练习的时候一点都不快乐，那你可以说"我尝试过了，钢琴这个乐器不适合我"，而不是"我是个弹不好钢琴的废物"。用"合适"替代"好坏"，可以帮我们更果断地决策，避免陷入沉没成本的泥潭里无法自拔。

说了这么多，应该不难发现，情绪不只依赖于客观的事件，我们认识事情的方式、我们对事件的评价也至关重要。情绪研究中著名的ABC模型指出，如果我们把引发情绪的事件看作前因（Antecedent），最终的情绪和行为看作一个结果（Consequence）的话，这二者之间其实是无法直接相连的，而我们的信念（Belief），也就是我们看待事物、评价事物的方式，就是沟通这二者之间的桥梁。因此，如果我们想在不改变环境的前提下改善我们的情绪，让情绪为我们所用，就要从调整自己的信念入手，培养更加积极的思维方式。

最后，希望你能和自己的情绪和平相处，让情绪做我们的朋友而非敌人，去快乐、去悲伤、去认真地感受这个世界。当然了，如果你遇到其他情绪相关问题，也欢迎随时给我写信。这次就先聊到这里吧，我们下次再聊。

Rachel

要有拒绝别人的勇气

亲爱的：

有时候，你容易对不好的人心软，拒绝不好的人时，自己还会感到愧疚。

这的确是一种很复杂的心情，但请相信我，为这种"复杂心情"烦恼的绝不是"少见的倒霉事"，很多朋友都有过类似的烦恼。

根据我的观察，感到难以拒绝他人的原因有很多，可能是不愿意面对冲突，可能是过分担心对方会出现的反应，比如失望、不满等，也可能是拒绝后会触发对自我的负面评价——"我其实并非无所不能，我其实不爱乐于助人"。

在心理学中，我们可能会说，这是缺乏"果敢"的表现。缺乏果敢的表现包括面对部分场合，难以表达心中的想法、感受，甚至最后不得不违背自己原本的心愿，去做一些符合"他人"期望，而违背自己意愿的事情。那么，什么是果敢呢？果敢，对应的是英文里的 assertiveness，这个词不太好翻译，但是我们可以这么理解：果敢的人，敢于勇敢地捍卫自己的边界和权益，当然这完全不是说要自私的意思，而是说能够没有负担地表达内心真实的想法和感受，并且更加从容坚定地行使自己应有的权利。

如你在信中提到，已经决定想要拒绝这位所谓"不好的人"，那么，就要学会如何从容且坚定地说"不"。从认知的层面来说，拒绝一个人的请求，并不意味着全然否定这个人，更不意味着否定你们两个之间的关系。

具体的实操技巧呢，我的建议是，多在行为的层面练习去说"不"，从一些小事开始练习。我们的态度是真诚的、温柔的，但同时又是坚定不移的，甚至不用做太多的解释。试着放下那种小心翼翼的态度，多尝试从容的语气，并且尝试多用第一人称"我"来进行表述，清晰地表达自己的诉求。例如，"不好意思，我这会儿真的抽不开时间帮你做这个"，而不是"事情真多，不知道怎么帮你呢"这种模糊不清的表述。

练习的时候，在心里默念："我有权利拒绝我不想做的事情。"这种练习可以先从陌生人或者比较疏远的人开始，比如拒绝同学或者同事那些不合理的或让自己感到很不舒服的请求。到最后最困难的，是对比较重要的或亲密关系对象说不。这种情况可能会更复杂。我身边的一位朋友就正在这种复杂、矛盾的烦恼中。她前段时间还在向我抱怨："我明明知道前任有很多不好的地方，并且这些不好的地方在我脑袋里很清晰，但是我还是想要跟他在一起，我这是什么心理啊，纠结得不行。"

这个过程真的非常纠结和辛苦。如果你的烦恼中也包括这种情况，我的建议是，首先，请给自己一个接纳的空间，告诉自己，这样的心理在分手后相当长的一段时间内其实是很正常的。

从认知神经科学的角度来说，有研究告诉我们，分手后，人处于情感极度失落的状态下，大脑中负责感受身体痛苦的区域其实会被"点亮"，就好像真的经历身体疼痛一样——这就是为什么我们会感觉到心痛难耐；同时还会引发戒断症状，和吸毒者脱瘾症状类似，我们会"好像上瘾了一样""忍不住地"去回忆过去，去想念前任，甚至就像我这位朋友所说，想回去和他在一起。这都是很正常的现象，我们要首先尝试着允许自己难过、煎熬。这个在我们之前的告别分手痛苦那期里也涉及过。

但接下来，想要打断这个"忍不住上瘾"机制的关键在于，我们要试着真的看见自己，明确自己的需求，并优先满足自己，也就是我们常说的"自我关爱"——清楚地意识到你自己值得被爱、值得被珍惜，是非常重要的。我们能学习的所有应对技巧，都是以这个核心——自我关爱的信念为基础的。在每次忍不住回忆过去，想复合的时候，我们也要看见，自己在曾经的这段关系中，那些没有被满足的需求是什么，甚至是曾经受到的伤害是什么，然后去看看，现在这些问题解决了吗，如果没有的话，那么哪怕不顾一切回到之前的关系中，是不是也只是痛苦的再次循环呢？所以想到如果核心问题没有得到解决，回到从前，也不过是痛苦的重复，是不是想要复合的冲动就被浇灭了一大半呢？

心理学研究也指出，我们还可以采取的应对技巧包括回想前任的缺点。比如，反复地告诉自己："前任当时的那些做法和态度，我其实完全没有被尊重，不分手留着过年吗？"或者"他自以为有优越感的评头论足，或者放大我的缺点想要操控我的行为"。类似这种，我们要把"自己"给拎出来，反复问自己，当时经历了什么？当时的感受是什么？是要尊重心里的感受，还是要在回忆的滤镜下，再回到那段关系中自作自受呢？

当我们足够关爱自己，将自尊维护在一个合理的程度，并且在关系中看见自己、尊重自己，我们就能够相信，自己是值得一段更好的关系的。同时，我们也要相信，当下的纠结是正常的，是大多数分手必经的过程，只要再给点时间，一切都会过去。当然，反过来，如果一个人从小就习惯了在关系中把自己的需要压抑住，或者藏起来，只是为了获得他人的认可或者维持关系，那么分手后，就更有可能继续重复这种模式，反复思虑对方的感受、替曾经受过的伤害开脱、把自己放在很低的位置上，或者忽略自我，最终，这些都会对自己造成伤害。

所以，面对不同的关系对象说"不"、坚定地捍卫自己的自尊，也许并不是每个人天生就拥有的能力。我们都需要练习，在练习中，不断地接近充满果敢和自尊的自我，努力成为"人间清醒"。

Rachel

不要在意"别人家的孩子"

亲爱的:

最好的闺蜜走上了人生巅峰,你感到了巨大的同辈压力,这是非常非常正常的现象。

其实你发现没有:虽然我们每个人都是独立的个体,但从小到大,我们好像一直都在不断地暗自与身边的人进行方方面面的比较:从成绩到排名,从能力到经济条件,从身材到容貌……尽管朋友升职加薪并不会让我们失去自己的工作,但我们似乎还是会为"别人比我过得好"这件事而感到焦虑,这是为什么呢?

为了解释这种现象,社会心理学家费斯汀格(Leon Festinger)在1954年提出了社会比较理论,指的是人们在缺乏客观信息的情况下,利用他人作为比较的参照物,进行观点和能力的自我评价。因此,当我们没想清楚自己的人生究竟要怎样过的时候,不自觉地就会去参照身边的同辈,把他们看作自己的一个参照系。

另一位研究者基于之后的研究,又建立了自我评价维护模型(self-evaluation maintenance model)。他认为,个体进行社会比较不是为了减少对能力和观点的不确定性,而是为了维护积极的自我评价，也就是让我们自己感觉好一些。

无论哪种观点，都说明了同辈压力其实是一种我们和环境交互过程中非常正常的现象。就像心理学家阿德勒说的那样，"无论是追求优越性还是自卑感，都不是病态，而是一种能够促进健康的正常努力和一种成长的刺激"。如果适当的自卑能够成为鞭策自己前进的动力，我们不妨学着和这种自卑感和平共处，在这种良性的自卑中不断成长。然而需要注意的是，如果你的自卑让你十分难受，甚至饱受折磨，说明这种自卑并没有让你成长，反而是在让你不断地自我消耗。

这种不健康的自卑不仅不会让你变得强大，反而会让你陷入自我否定中，威胁你的自我评价。

那么，该如何维持良好的自我评价，避免被同辈压力打垮呢？通过大量科学研究和临床实践，心理学家和咨询师们找到了三种有效策略。

第一种策略，选择新的比较维度。

我们的比较时常搞错了对象。每个人都有自己擅长与不擅长的事：有的人擅长画画，有的人擅长唱歌，有的人擅长赚钱，而有的人擅长给人带来幸福和快乐。比如我，就很擅长，也很喜欢给别人带来好心情，但我并不擅长画画，也很难一动不动地在那里创作一幅绘画作品。如果我非要和别人比绘画，比不过就难过自卑，觉得自己缺乏美术天赋，自怨自艾，那我简直就要自卑不过来了。所以，如果非要比，我就比谁能给身边的人带去更多积极的能量，这样我每次想到都会提醒自己，要努力做个更能积极影响别人的人。

所以，不能因为自己在单一方面的技不如人就产生了"自己不如谁"的定义，拿自己不擅长的领域去和别人的强项比较，并因为这种比较做出了负面的自我评价，这本身就是非常片面的。如果你陷入了这种片面的比较，不妨静下心来，想想自己比较擅长的事。

第二种策略，建立健全的自我意识。

研究发现，在面对艰难的任务时，人们常常会认为自己不如他人。所以，我们在面对他人的重大成就时，如果没有一个健全的自我意识，很容易产生消极的自我评价。但这些消极的自我评价并不完全是客观的，而是这些困难带给我们的错觉——其实很多令我们望而却步的目标，一旦开始去努力了就可能会发现，看起来十分复杂的任务远远没有我们想象中的那么困难。只不过我们没有做而已。

如果没有建立健全的自我意识，我们就只能依靠和别人的比较或者别人对我们的评价来认识自己，就像一个小孩如果只在老师给他小红花的时候觉得自己是个好孩子一样，是非常脆弱和不稳定的。之前在和其他朋友讨论容貌焦虑的问题时，我曾经提过一个看法：比起寻求别人的认可，我们更应该做的是建立一个稳定的内核，比如一个人生目标，抑或是技艺的精进。建立健全的、成熟的自我意识，主动面对痛苦、承担责任，是人生必修课。不要受制于同辈压力，让自己深陷没有意义的焦虑之中，要主动去面对这些问题、承担责任、找到自己要做的那件事，然后真的去踏踏实实地做，慢慢就能走出同辈压力这个怪圈。

与其和他人进行一些不客观的、片面的比较，我们不如努力获得来自自己的认可。这不仅能让你学到很多受用一生的知识，还会让你的内心真正变强大。

第三种策略，降低社会比较的重要性。

这就不得不让我们思考一个平时懒得去想的哲学问题，那就是我们活着是为了什么呢？是为了成功，为了在比较中超越他人吗？比起成功，在更深层次的本质上，我们活着是为了快乐，为了幸福。所以，如果你暂时找不到自己人生中那个所谓"要做的事"，不妨先将"让自己幸福"作为目标。那么，什么样的人最幸福呢？

哈佛大学曾经进行过一个幸福感研究项目。他们从1938年起就开始陆陆续续对724名参与者进行一项长达75年的跟踪研究。在这75年中，研究者年复一年地询问和记录着他们的生活、工作和健康状况等。这个名叫"Grant and Glueck Study"的项目仍然在进行中，研究的目标是这些参与者的下一代和下下一代。他们的研究结果表示，幸福与财富、权力、名誉以及取得的成就都毫无关系。决定人们是否幸福的，是深度人际关系的质量。与他人建立了更深层次联结的人，往往过得更幸福。这样想想，是不是与他人的比较就变得没那么重要了？所以，比起在不断与他人的比较中迷失自我，我们不妨花一些时间，找能够互相理解的亲密好友聊聊天，建立一些高质量的社会关系。

最后和你分享一些我最近的感想吧。在当下这个充满多样性和不确定性的时代,我们的社会并不是一个只有纵向的阶层之分的梯子,而更像一个有大树、有溪流的大山,不仅不同高度的风景不一样,同一高度也可以有不同的景色。如果你感到被"同辈比较"压得喘不过气,不妨先放下对纵向比较的执念,去这个多姿多彩的世界里,找到自己横向的位置。并不是只有站在山顶、树尖上的鸟儿才能享受生活,做一条小溪中的鱼儿,也可以"此间有极乐"。

Rachel

告别身材焦虑

亲爱的：

有一份《2021网民身材焦虑报告》里说，54%的网民有身材焦虑，46%的网民认为自己太胖，需要减肥，甚至有25%的网民每天称一次体重。不知道你信中提到的这位有"身材焦虑"的朋友属于哪种呢？你的这位朋友可能会觉得"身材焦虑也蛮好的呀，它可以帮助我控制饮食、维持身材"。但我想提醒一下，当这种焦虑过于严重时，可能就会出现一些严重问题，比如我接下来要聊的，进食障碍中的神经性厌食症。这是一种通过节食等手段，有意造成并维持体重明显低于正常标准的一种进食障碍。

不知道你们有没有看过一部电影《骨瘦如柴》。这部影片的女主人公Ellen在幼年时经历了母亲的抛弃、父亲的缺位，成年后亲密对象的支持缺失。在这样的情况下，Ellen开始严格限制卡路里的摄入，通过禁食将体重降低到理想水平以下。她也从不满足于已经减轻的体重，总觉得自己还没有很瘦，坚持不懈地追求更轻的体重，对自己的身体形象产生了非常错误的认知。

其实Ellen表现出来的这些，就是神经性厌食症的典型表现了。除了这些，神经性厌食症的常见症状还包括进食后的代偿行为，比如催吐、过度运动或滥用泻药，伴随进食问题产生的抑郁、焦虑，以及影响正常的生活、工作等。尽管这些行为在大家眼里可能只是有些极端，但可怕之处在于，这个疾病发生的概率要远高于我们的想象：从全球来看，这种疾病的患病率高达10.4%，且致死率甚至超过抑郁症，成为死亡率最高的心理障碍。

看到这里，你可能会有些疑问：那我们经常挂在嘴边，说自己要"节食"呀、感觉"厌食"了，会不会就是患上神经性厌食症了呢？其实不然。根据目前最主流的精神疾病诊断标准DSM-5来看，神经性厌食症的诊断标准有三点，总结起来就是：外形上的极端消瘦、行为上的持续减重，以及认知上的自我评价偏差。

1. 外形上的极端消瘦：和自己的同龄、同性别人相比，体重明显脱离正常发育轨迹，并且因为"限制了能量的摄取"，导致自己的体重低于正常体重的最低值。

2. 行为上的持续减重：即使处于显著的低体重，仍然强烈害怕体重增加或变胖，或者有持续的影响体重增加的行为。

3. 认知上的自我评价偏差：对自己的体重或体形以及自我评价有偏差（比如明明已经非常瘦了，依然觉得自己很胖），或持续地缺乏对目前低体重严重性的认识。

刚刚提到的低体重的范围，可以参考世界卫生组织的成人消瘦程度的标准：

轻度：$BMI \geqslant 17 \text{ kg/m}^2$

中度：BMI 16～16.99 kg/m^2

重度：BMI 15～15.99 kg/m^2

极重度：BMI < 15 kg/m^2

如果你的这位朋友体重处于极重度的范围内，就要小心了。

说清楚了这些表现，咱们再接着聊聊，神经性厌食症为什么会出现？

心理学上认为，神经性厌食症患者并非缺乏食欲，而是心理需求没有被满足。人的行为是不可控的，单独调整行为不会有太大变化，而且病程很容易迁延、复发。

从认知模型角度分析，会认为神经性厌食症患者的生活、情绪、精神状态完全被饮食控制，由体形决定。他们的注意力变得非常狭窄，只聚焦在几个身体指数上。患者通过节食减肥，看到BMI的下降来获得控制感和满足感。这其实更多是由社会层面因素引起的。比如畸形的"白瘦为美"的审美取向，经过媒体的大肆传播、同伴影响等，就会引起个体对体形、体重等的体相焦虑，为了控制自己的身材、体重，选择了长期节食、催吐等，这样的行为不断转化，进一步可能就会演变成了进食障碍。

从精神分析模型分析，认为厌食症状是对性本能以及怀孕的一种拒绝形式——人渴望回归童年时代，对成长无意识地拒绝。比如，成年后形成的心理风格，如低自尊、敏感、完美主义、情绪不稳定等，以及创伤性事件也都是加速这一过程的催化剂和风险因子。

从家庭模型分析，厌食症由家庭功能失调引起。患者无意识中发掘了该类疾病（包括其他心境障碍）的黏合家庭的"功能"，比如一旦自己生病，那父母日常的争吵，无法化解的矛盾竟然可以得到解决，家庭得以暂时团结，共同来关注孩子的问题。那么孩子就会形成依赖这种解决方案的模式来牺牲身体换取家庭和睦。

之所以说了这么多分析，我不是要在这封信里定性哪种模型是绝对正确或错误的，只想提醒你和身边的朋友们注意，这三个理论其实都涉及了一个问题，那就是一种将自我价值依附在外界标准的情况，无论这个外界标准是体重秤、家庭，还是外界评价。进而我们可以大胆地认为，解决神经性厌食症的根本，也在于找到身材以外的，自我价值的锚点。当我们足够爱自己时，也就不忍心做出这种伤害自己的事情了。

啰唆了这么多，很想借着这封信，特别真诚地和你的这位朋友说，风起于青蘋之末，进食障碍，尤其是今天重点介绍的神经性厌食症，很多时候都是一次不当的减肥经历所引起的。我不知道他是女生还是男生，但都希望他不要为了体相和年龄上的焦虑，用不健康的方式来管理身材。此外，一旦发现自己在用"神经性厌食"来解决现有的问题，比如对环境的拒绝，或者是在用它解决一些我们看起来无能为力的事情，比如获得更多的照顾，维持表面的和平，都要及时按下暂停键，试着寻求帮助，正面地面对问题，哪怕逃避也一定不能用伤害自己的方式。我们每个人都要多接纳自己，给予自己更多的自我关爱，要以保证自己的身心健康为前提。

如果你发现他或者身边的人有上述症状，且比较严重到影响正常生活和身体健康时，要及时寻求专业人士的帮助，接受专业的治疗。

Rachel

打败贪食症

亲爱的：

不当的体重管理方式，是孕育多种心理疾病的温床。其实，在节食群体中，还有一种经常出现的心理问题，就是神经性贪食症。所以，我想不如就接着上回说的，再写一封信给你，从神经性贪食症的表现、可能的病因，以及验证有效的干预方式入手，和你聊聊这个隐秘的杀手。最后，顺便也谈谈我对身材管理这件事情的看法。

神经性贪食症就是在足够长的一段时间内，反复出现难以自控地暴饮暴食，且在每一次暴饮暴食后，患者往往会采用催吐、服用泻药、过量运动等不恰当方法进行补救。最后，患有这一疾病的患者将会对自我的评价过度地、超出常理范围地与身材绑定。

美剧《永不满足》中的女主Patty在暴饮暴食和节食中反复拉扯、吃了比萨后疯狂运动等行为，其实都是神经性贪食症的典型表现。如果有谁发现自己连续三个月以上，每周至少一次地出现这类情况，那么可能需要考虑自己患上这一疾病的可能性了。我把神经性贪食症的诊断标准整理好了，你可以先仔细了解一下。

神经性贪食症诊断标准：

反复发作的暴食。暴食发作以下列两项为特征：在一段固定的时间内进食（例如，在任何两小时内），食物量大于大多数人在相似时间段内和相似场合下的进食量；发作时感到无法控制进食（例如，感觉不能停止进食或控制进食品种或进食数量）。

反复出现不适当的代偿行为，以预防体重增加，如自我引吐、滥用泻药、利尿剂或其他药物，禁食，或过度锻炼。

暴食和不适当的代偿行为同时出现，在三个月内平均每周至少一次。

自我评价过度地受身体的体形和体重影响。

该障碍并非仅仅出现在神经性厌食的发作期。

像你这么聪明，可能已经发现了，神经性贪食症的症状，和神经性厌食症其实是有不少重叠的部分的。一些研究者也提出，神经性贪食症其实是神经性厌食症的一种失败后的表现。我们在之前的信中也提到过，神经性厌食症患者并非真的没有食欲，而是他们要压抑这种食欲，以寻求其他一些需求的满足。而根据认知模型，厌食症患者的注意力会被严重压缩在体形、食物、体重这几件事上，从而进一步放大他们未被满足的进食欲望。最后，当这种被压抑的欲望累积、放大，到了无法压抑的时候，它们就会爆发，最后形成暴食。而在暴食之后，由于患者过度地将自我价值与外形绑定，他们又会感到愧疚、恐惧、自卑，进而通过更严格地节食、运动甚至催吐等方式来补偿，进而陷入"暴食—过度补偿—再暴食"的恶性循环。所以，我要再一次强调，选择一个正确的自我价值的锚点，以及对形体正确的审美认知，是极其重要的。

另外，保持心情愉悦、学会正确的情绪排解方法，对缓解暴食、厌食等进食障碍也非常重要。研究发现，无论是厌食还是贪食症的患者，在管理情绪方面往往存在一定不足，包括习惯性地回避消极情绪、难以把控情绪、难以抑制冲动等。相信你和身边的朋友也有过类似的经验，就是当心情不好，或者压力大的时候，往往更容易暴饮暴食、胡吃海塞。如果我们能够掌握更有效的情绪调节方法，在面对压力和消极情绪时，就可以把情绪的掌控权交给大脑，而不是我们的嘴巴。

最后，如果你身边的朋友出现类似症状，而你又想尽可能地帮助到他们，那么可以先把这封信的内容分享给他们，让他们从意识觉醒开始，让我们从给予他们充足的情感支持开始。研究表明，进食障碍患者在遭遇负面事件的时候，感受到来自亲朋好友的社会支持越多，越不容易爆发暴食症状。因此，如果要问我：作为朋友，我们能怎样帮助有进食方面困扰的人。我的回答是，和对任何朋友一样，做一个真诚的、发自内心关心对方的、肯定对方的挚友，提供给他们你的肩膀和安慰，鼓励他们克服生活的挑战和难关。这或许是开给神经性厌食症以及贪食症患者最佳的一剂良药。

最后，希望每个人都可以发自内心地爱自己，包括爱自己的身体、爱自己的思想、爱自己的灵魂。

Rachel

03

让自己有更好的亲密关系

真爱你的人不需要讨好

亲爱的:

在和对象相处的过程中，总是忍不住委屈自己、讨好对方，好像感情是一件小心翼翼、委曲求全才可以促成的事。这是不是"讨好型人格"？

要我说，在恋爱中，长期一味地习惯性地小心翼翼、委曲求全确实可能是一个不良的行为模式，但我感觉这还达不到所谓的"讨好型人格"的程度。严格意义上来说，"人格"听起来应该是一种稳定的、很难改变的特质，而"不良的行为模式"则是后天习得的，是可以改变的。与其纠结是不是讨好型人格，咱们不如直接聊一聊如何破解那些忍不住的、远远超出正常水平的讨好行为。

一般我们认为亲密关系中的讨好行为和特点，主要包括：认为伴侣的需求比自己的重要，所以总是先满足对方；如果对方没有回自己消息，或者生气了，就反复想是不是自己做错了什么；没办法拒绝，害怕冲突，害怕表达真实的想法；过分地迎合对方，甚至不顾原则想要这么做……

这些行为其实都是在做同一件事情，那就是"取悦他人"。为什么在感情中会如此煎熬、每时每刻要把他人的需求放在自己之上呢？好像那是一种控制不住、本能的冲动？从神经科学的角度来说，这可能跟我们大脑中的"镜像神经元"的表达程度有关。镜像神经元，顾名思义，它就像一面镜子，我们在观察别人行为时，会进行内部模仿，从而去理解对方这么做的意义，甚至是做出相应的情感反应。

打个比方：看到拳头马上落在人身上的画面，我们不自觉把身体一缩，似乎能感受到那种疼痛；看到别人痛苦或悲伤时，我们也会难受和痛苦，好像"感同身受"一样——这其实也是"共情"的生理基础。镜像神经元通过这种机制，让我们更好地理解他人。

然而，当镜像神经元被过度激活的时候，产生的后果就是我们可能会对他人"太过于感同身受"了。放在亲密关系的取悦行为中，就是在拒绝伴侣之前，就已经想象到对方可能产生的负面感受了。然后因为过分体会到这份预先的痛苦，我们就会陷入纠结和矛盾之中，不断质疑自己、攻击自己，从而产生内耗——高敏感人群就这样诞生了。

紧接着就会选择回避，不敢表达负面情绪。短期看来，这种回避好像是有效的，感情和谐，没有冲突；但久而久之，就形成了我们的行为模式，因为如果你一味感觉牺牲自我，过分取悦他人，甚至总是感到委屈，那这种坚持肯定不会长久的。

所以，针对你的这种困扰，我有三个方法分享给你，希望对你有所帮助：

第一，建立边界。一段好的亲密关系，一定是建立在互相尊重的基础之上。被爱，并不需要通过讨好获得。所以，我们说，互相尊重对方差异性、特质性的第一步，就是尝试为自己和伴侣的关系设定边界。你要明白，无论多亲密的两个人，都是独立的个体，需要一定的边界感。具体来说，需要在亲密关系中明确，什么事情是自己做不到的，不能接受的，以及对方的什么行为会让自己感到不适。这种不适感，其实就是我们的情绪和感受在向我们发出"警报"，我们要正视并建立起这种预警系统，维护独立的自我不受伤害。

第二，合理拒绝，表达愤怒，因为我们有权让别人失望。当我们设置好的边界被对方突破后，要试着觉察那一份"健康的愤怒"，把心底里的那份生气、诧异、被侵犯感，保留下来，尝试着告诉对方。有"讨好行为"困扰的人往往会压抑这份愤怒，把自己扭曲成伴侣需要的模样。这么做最令人难过的是，我们将会感到自我慢慢地远去，很难再知道自己真正的情绪和感受究竟是什么。所以，要觉察这份不适感，和对方去沟通。你可以继续学习一些沟通常用的句式，表达自己想要表达的观点，比如说，"我们所有的安排都要以你的时间为主，我觉得这样对我并不公平"。哪怕是这样简单的一句，摆事实加讲态度，不仅是你坚守边界的表达，也是邀请对方一起遵守。

第三，关注自我，增加自信。尝试着列出10个你讨好和退让的行为，然后从最小的一项开始尝试。比如，餐厅里点自己想吃的菜，而不是永远都只点对方爱吃的；尝试表达自己的看法，而不是依附对方说的话；旅行的时候，尝试着去主导一些安排，不再总是说"听你的""都可以"。

根据著名家庭治疗师萨提亚的理论，讨好者关注情境，关注他人，唯独忽略自我。下次再有取悦他人的冲动时，我们也许该问问自己——我真正想要的是什么？我真正感受到的是什么？回答这个问题很重要，因为只有健康坚定的自我，才是美好爱情的基石。就像萨提亚描述的那样：

我想：
爱你，但不必抓紧你
欣赏你，但不必批评你
和你一起参与，但不必强求你
离开你，也不必言说歉疚
帮助你，更不会有半点看低你
那么，
我俩的相处就是真诚的，
并且能彼此滋养。

好啦，就写这么多吧。希望你能轻松愉快地恋爱，而不用总是觉得自己需要踮着脚，去够一份够不到的爱，够一个够不到的人。

Rachel

走出"我并不那么需要你"的困境

亲爱的：

我经常收到的恋爱困扰问题，基本可以分为两大类。一类是老想黏在一起怎么办？以及没法黏在一起又怎么办？而你的情况明显属于另一类：想和对象亲近，客观条件也允许，但就是过不了心里的那道坎。我收到过类似的问题还包括：为什么自己遇到困难的时候，明明很希望向对方倾诉，获得对方的安慰，却又很难说出口？为什么当恋人与自己亲近或者突然对自己特别好的时候，会感到内心非常紧张，不由自主地逃避甚至厌恶对方？为什么对喜欢的人充满幻想，却又害怕被抛弃？听到这些问题，你有没有被击中的感觉？

先说结论：遇到这些问题，感觉自己无法建立亲密的关系，往往不是因为不爱对方，而是不敢去爱。心理学管这种状态叫作回避依恋。处于回避型依恋的个体，他们不相信另一半可以满足自己的需要，也害怕付出的感情会被对方忽视，所以在恋爱中就会表现出回避和抗拒，当恋人尝试更进一步的时候，他们就会表现得烦躁不安，以此避免自己在这段感情中受到伤害。

尽管说到这里似乎就可以解释回避依恋者在恋爱中的表现，但我还想告诉你，就算你有回避依恋的困扰，出现这种拧巴的心理状态，也并不是你的错。

之前在一次讲座中，我跟大家分享过：如果婴儿时期的需求总是被忽视或者否定，我们就很容易认为自己不值得被爱，体验到焦虑和失望。那在这种情况下，为了减少内心的痛苦，一些人就会表现出抗拒或者回避，拒绝与抚养人亲密互动，产生一种"我并不那么需要你"的心理暗示，以自我保护。这些人在长大后与恋人相处时，也很有可能会延续最初的依恋经验，重复这种回避的依恋模式，并进一步影响他们自己的亲密关系。

电视剧《欢乐颂》中的女主角安迪就是一个典型的例子。安迪在童年时期被父母抛弃、又与弟弟分离的经历，让她很难信任亲密关系，甚至不能接受肢体的碰触。即使有谭宗明这样温文尔雅的成功人士向她表示好感，她也无法尝试和他跨越朋友的关系。随着情节的展开我们可以发现，童年的阴影一直是她内心深处的伤疤，虽然她看上去独立又自强，但在亲密关系中却始终敏感又胆怯。虽然这只是一个虚构的剧集，但是编剧的思路是对的，把握了依恋关系出现问题的精髓。

其实，我们不难看出，回避依恋的人并不是不渴望爱情，抗拒和回避只是为了避免再次被抛弃和忽视，是一种保护自己的防御机制。事实上，不仅回避型依恋的人会有这些表现，一些安全型依恋的人，也可能在某些情境下出现这些现象。那么，我们该如何走出这种拧巴的状态，勇敢追爱呢？

好消息是，研究发现，在人的一生中，依恋类型是动态变化的，也就是说我们可以通过后天努力来改变的。那么，一个回避依恋者具体可以怎么做，才能改变呢？

第一，我们可以观察身边安全型依恋的人，他们往往在感情中敢于表达自己的真实想法，认为自己值得被爱。所以我们可以尝试和安全型依恋的人做朋友，了解他们在人际关系和恋爱关系中的相处方式和思维方式，在这个过程中我们就会发现，当安全依恋者走近他人或者表露真实情感时，对方的回应好像并不像自己想象中那么冷漠。

第二，增加与另一半情感上的沟通。有研究发现，伴侣间深入的情感暴露能够促进不安全依恋转变成安全依恋。相比于独自承担痛苦，不如尝试分享，将倾诉衷肠作为一个技能来练习，直到充满安全感地和恋人相处成为你的习惯。

当对方给你带来不舒服的感觉时，不妨告诉对方你真实的感受。疏离和回避会让对方感受到你的冷漠，也会怀疑你们的感情，让关系越来越疏远，这会让你对这段感情更加失望。如此恶性循环，不仅伤害两个人的关系，还让自己越来越不敢依恋他人。但当你清晰地和对方表达你的想法时，他会知道自己的哪些行为是你暂时不能接受的，也会给你独自思考的时间，和你共同去调整改变。毕竟亲密关系涉及至少两个人，你把喜怒哀乐都自己藏着，是解决不了问题的。

第三，接纳自己内心的不安全感。当自己在恋爱过程中出现回避行为时，不要气馁。建立一段牢固的关系需要一个漫长的过程，接受不够完美的自己，也尝试接受自己对亲密关系的渴望，试着去鼓励自己，相信自己。也许在这个过程中会碰壁或遇人不淑，但这并不意味着你个人的失败，你还是那个独立的自己，我们既可以在亲密关系中敞开心扉，也可以走出这段关系独自盛开。失败的亲密关系不代表我们自己有问题，更不代表自己不值得被爱，而是我们在等待更懂我们的人出现。

我曾见证很多在恋爱中回避的小伙伴走出了曾经的经历和创伤。如果你能再勇敢一些，在亲密关系中打开心窗，那么，你也将会收获浪漫的爱情。

Rachel

不必复制父母的爱情

亲爱的：

有一位朋友曾问我："为什么即使不喜欢父母之间的相处模式，还是会在和恋人相处的过程中多多少少地复刻这种模式？"

比如，明明不喜欢父亲吵架时据理力争、强势刻薄的样子，却会下意识地对恋人咄咄逼人；或者明明讨厌母亲遇见问题时躲躲闪闪，从来不主动沟通，却在和恋人有矛盾时，也选择冷战的处理方式。其实，对于这种情况我们并不是无能为力的，我们可以通过自己的努力克服这种影响。现在，我就把当时分享给她的建议也分享给你，看看该如何摆脱原生家庭的消极影响。

在这之前，我想强调一下：原生家庭给我们带来的影响不应该被简单地划分为单纯的好或者坏。作为我们的抚养者的同时，父母也是两个独立而完整的个体，他们必然有自己的局限性，但也一定会为我们留下一些可以学习的宝贵品质，所以我们一定要辩证地看待自己的原生家庭，而不是非黑即白地去怨恨或者盲从它。

这也就引出了我们脱离原生家庭消极影响的第一步，那就是意识到：我们是否延续父母的相处方式，取决于我们对他们相处方式的认识和理解。当我们还没有意识到有别的模式时，大概率会一直重复这个耳濡目染的模式。而随着问题的积累、学习的增加，我们会看到更多、更舒服的相处模式，这可以帮我们意识到父母之间的相处方式不是唯一的选择，而"知道有选择"是我们可以改变的开始。接着我们就可以通过觉察和调整，来找到更适合自己的恋爱相处模式。因此，我可以很肯定地回答你的问题：原生家庭的影响绝对不是决定性的，即使在争执家庭中长大的孩子，也能建立温暖、融洽的亲密关系。

而在认识父母关系上，我还为你准备了三点建议：

第一，与其排斥，不如选择接纳父母之间的相处方式。当我们排斥父母的时候，自己也会感到痛苦和无奈。当我们试着去理解父母相处方式背后的原因，尝试接纳父母时，会更容易走出受伤的阴影。比如，当我们很厌恶父母强势的性格时，可能会很在意他们强势的样子。而在一次次强化的关注下，我们不仅深受其害，还很容易去模仿这种行为。这时，我们不妨试着去理解父母的原生家庭和成长环境，他们可能生活在一个缺乏安全感的环境中，只有获得更多掌控权才能更好地生存下去，或者他们只是在宣泄着自己长期不平衡的付出所导致的不满。只有当我们试着去理解父母的时候，才会在父母强势的时候，不再烦恼和指责，反而去关心和鼓励他们。这时，我们就不会总纠结于父母和自己的不足，而是和父母站在一起，去试着觉察和解决问题。最重要的是，这样的理解和接纳，可以在我们出现相似的行为时，快速找到导致问题发生的真正原因,有助于我们和恋人一起去解决问题。

第二,切忌通过父母的爱情为自己的爱情下定义。父母的爱情是一面真实的镜子,但却不是一面完整的镜子。父母会把两个人最真实的状态,不加修饰地展示给我们,但总有一些事情是我们不知道的。比如,父母每次争吵后,可能不会把和好的过程展示给我们,所以我们看不到他们的妥协和退让,但这不代表他们没有包容和关心,所以,我们可以通过这面镜子去了解爱情的真理,但却不能通过这面镜子为自己的爱情下定义。

第三,坚信自己在恋爱中的自主权,正视恋爱冲突。每一段恋爱都会受到过去经历的影响,但这不代表过去可以决定未来。当开启一段恋爱的时候,意味着我们对这段恋爱有着绝对的主动权和决定权。当恋人之间有了冲突和矛盾时,其实是在暴露彼此对不同问题的边界。这时,我们可以先觉察问题,然后找到问题的根本原因,最后再用积极的表达方式和恋人沟通,倾听并且平衡彼此的感受。这样下来,你会发现正确的吵架姿势甚至可以帮我们解决很多原生家庭中的未解决问题。

所以,如果你的原生家庭相处模式对自己与恋人沟通产生了影响,正为此感到困扰的话,不妨在自己的恋爱沟通实践中,参考上面三个建议:接纳父母的相处方式,而不是对抗和排斥;了解自己掌握的可能不是父母相处的全部过程,可能忽略了其中值得借鉴的环节;坚信自己在恋爱中的自主权,我们是可以突破自己不想要的影响的。

最后想再啰唆两句:必须承认原生家庭对我们深远的影响,

但这不代表父母可以决定我们的恋爱观。我们追逐爱情，就像蝶儿追寻花蕊，即使负重前行，也不会放弃对那份甜的期待。希望你也有这样的勇气和幸运，从黑暗中走出去，站到光里来。

Rachel

回家过年心理指南

亲爱的：

　　春节的氛围和团聚的喜悦，当然让人开心。不过，开心的同时也有些担心，比如说，怎么面对亲戚长辈一年一度的大型考问？和爸妈经历短暂的和谐后，因为摩擦爆发争吵又该怎么办呢？为了帮你缓解过年焦虑，我特别准备了这份《回家过年心理指南》，让我们站在心理学的视角，真正觉察原生家庭，实现向内探索。

　　先介绍两个觉察原生家庭的角度吧。首先，咱们可以借助冰山理论，走进亲子冲突的深处一探究竟。回到家里，面对不可避免的冲突，我们有很多下意识、直接做出的行为。比如，当爸妈又不停念叨该怎么学习、某某的工作更好、隔壁家的谁又结婚了、对象条件如何如何好，我们也许会直接不耐烦地嚷嚷："行了，好烦，不要说了"，而这种反应往往会引起进一步的争吵或者尴尬的沉默。所以我们经常会想，为什么明知道这样的方式是有问题的，我们还是会不自觉地如此反应呢？关于这部分"为什么"，大部分人是不了解的——而这隐藏的部分，正是更加接近我们"自我"

的核心。

根据冰山理论,"自我"仿佛一座冰山。我们做出的"行为"是冰山露出水面的尖顶,是唯一被看到的。而剩余的部分,则是隐藏在水面下更大的山体,包括我们应对的方式,我们的感受、观点、期待、渴望,以及自我这六个层次。那现在让我们用冰山理论自我剖析一下,当经历此种冲突的时候,我们背后深藏着哪些心理需求以及它们的形成原因又是什么呢?通常经过这番剖析之后,就可以试试看,看是否可以找到我们改变的动力。

听父母唠叨后,你的行为是拒绝沟通。这行为的背后,第一层,在"应对方式"层面,指的是我们在成长发展过程中习得不同的回应方法,比如讨好、指责等。通过你在信中的描述,我认为你的应对方式是对父母的指责。

第二层,在"感受"层面,在这个场景中,我们最直接的感受可能是愤怒、厌烦等这种防御性的感受。但是如果能够更进一步地咀嚼自己当下的体验,你或许还会发现一些不被最亲近的人理解或者尊重时的委屈、难过或者受伤害的感受。

而到了第三层,"观点"层面,指的是信念、认知、价值观等。在这个里面反映出来的观点态度是:我的生活我做主,别人的生活和建议对我并不完全适用啊。

"观点"再往下一层是"期待",也就是我们内心具体化的期望,包括对自己和对别人的期待,以及别人对自己的期待。在你的烦恼中,你可能觉得,自己已经长大成人,期待的是爸妈能给予更多空间、信任和尊重,有独立自主地安排生活的自由。

那期待的背后是什么呢？再往下一层是"渴望"，就是人类共通、共有的渴望，比如被爱的渴望、被认可的渴望、被接纳的渴望、被信任的渴望等。阻止爸妈的念叨，背后深处的渴望，其实是渴望被父母认可和信任，认可和信任自己的选择和判断。

最后，我们就来到了冰山最深的一层，自我，关于"我"是怎么样的，"我"的价值、核心和本质。整个事情体现的"我"的价值是，"我有能力做出自己的选择，而不只是盲从爸妈认为正确的路"，这是我们认为的自我价值的体现。而父母来干涉，就可能被解读为对独立自我的一次冲击和挑战。

经过这么一个梳理的过程，我们就可以发现，在家庭的冲突中，按照这种思路，我们不再只是做出下意识的行为进行抵抗，而是探索到了行为背后的心理需求。也许短时间内，我们无法改变父母的观念和行为，但是，我们终于可以更好地了解自己的想法，理解自己那些剧烈的情绪都是从哪里来的。在这个基础上，我们再去采取不同的、更加平和一致的方式去应对，也会变得更容易。比如，与其烦躁地制止，不如心平气和地对父母表达我们最真实的想法，"爸爸妈妈，我理解你们的想法，但我希望你们可以相信我，支持我独立地做出自己的选择"。

所以，当在家里经历一些行为和情绪的时候，你可以拿出这封信，把这座冰山每一层的体验都写下来，尝试去进行分析。你会发现，回家过年竟然也可以成为我们向内探索的一个很好的机会。

另外一个我们可以切入的角度呢，是利用春节回家的机会，觉察"家庭规则"。不知你有没有想过,关于与人打交道、处理事情的方法,我们是怎么学来的呢?回想呱呱坠地的我们,最初的时候,我们怎么知道哪些事情该不该做、哪些感觉好不好呢?答案其实都隐藏在"家庭规则"中。"家庭规则",就是家庭在长期生活和互动过程中形成的行为模式和禁忌,主要用来规范家庭成员的行为、界定家庭成员的角色,既有用言语表达的,也有隐形的、全家人默默遵守的。有些规则从我们出生起就牢牢地印在我们的身上了。因为时间太久,以至于我们都忘了去思考:这些规则还适应我当前的情境吗?是符合我的人格本身的吗?这些规则有没有被我僵化地应用到生活中或者对待别人的态度当中?回家的机会,正是宝贵的觉察家庭规则的机会。花一些时间观察,并写下你觉察到的"家庭规则",然后再想一想你是否还遵守着这些规则呢,它们暗示的意义是什么?

第一类规则关于我们待人做事的方式和自由。比如,"错误是致命的,我不可以犯错",它暗示着人应该是完美的、卓越的,长期内化这样的规则,我们可能就会活得很累,对自我要求过于严苛。

第二类规则是关于感受的,比如"不应该发脾气,表达愤怒就是太任性,我要一直表现得开心才是乖的"。这样的规则可能导致我们长大后和负面感受的联结越来越弱,越来越习惯性地掩饰自己真实的情绪。而当这种无处宣泄的情绪爆发出来时,为了让自己不违反"规则",一些人又会以"我这是为你操心""我这是为你的未来打算"的由头,试图把这些负面情绪投射到其他家庭成员身上去,反而忘记了自己的任何感受,本身就是正当的。

第三类规则与性别和角色有关。在家里，女性和男性有没有特定的表现方式？强大有力，还是温柔软弱？只能选取一种吗？这类规则可能会为我们的发展设定框架和限制。

只有觉察"家庭规则"，我们才能更好地看见自己：是否在压抑或抵抗内心的感受，只为了去遵守一些早就不适用了的规则。也只有通过这些觉察，我们才能更好地突破那些所谓的"应该""必须"和"禁止"，与我们自身的体验做真正的联结，实现真正的自由。

以上理论来自美国第一代家庭治疗大师萨提亚。她认为，家庭是一个系统，家庭成员之间的互动构成了家庭关系。而家庭成员呢，在这些互动中不自知地形成一些状态，而不知道还有其他的选择。我们对原生家庭和自我关系的觉察，正是打破限制、看到彼此更多可能性的第一步。看到这里，相信你会发现，"冰山自我"和"家庭规则"不仅对我们自身起作用，还影响着家庭中其他的成员。如果妈妈能越过对你职业规划的看法，直言对你离家后，自己的不舍、担心和寂寞，如果爸爸能够突破"男人必须理性又强大"的性别刻板印象，和家人坦承自己退休后的焦虑和失能感，如果我们能够真诚自得地表达、看见、理解和接纳彼此的脆弱，那该是一个多么温暖又美好的场景呀。

这个春节终于可以回家了，希望你的生活里不只有难言的焦虑、担忧或冲突，还有对冰山下的自我、对家庭规则的觉察。

Rachel

不要被"焦虑型依恋"困扰

亲爱的：

在恋爱中，有些人会"希望另一半信息秒回，电话随时接通，列表里不能有其他的异性朋友，一旦对方突破这些红线，一场冲突就在所难免"。事实上，这些都是在恋爱中非常没有安全感的表现，是在不间断地寻求对方的确认。当一个人在恋爱中，总是患得患失，警惕着对方的态度，担心对方不再那么关心自己的时候，其实是焦虑和恐惧的表现，也许你正在被焦虑型依恋所困扰。

想快速了解自己在亲密关系中是否焦虑，可以看看以下的四种描述中，你占据了几条：

1.我总是担心会被抛弃。

2.我总是担心我的恋人不会像我关心他那样关心我。

3.我需要我的恋人一再表达他是爱我的，我才能安心。

4.当恋人不能像我希望的那样陪伴我时，我会感到受挫。

这是从亲密关系经历量表的焦虑维度选择出的四道题，如果你四条全部符合，说明你在依恋关系中可能确实是比较焦虑的。

前不久，我在给另一位同学回信的时候聊到了回避型依恋，其实回避型依恋和焦虑型依恋都属于不安全的依恋类型，但两者形成的原因和表现却大相径庭。这两种依恋类型可能都和早期原生家庭的依恋关系有关。

回避型依恋主要是因为被拒绝和忽视，他们不相信依恋对象是无条件爱他们的，长大后，他们可能就会抗拒亲密关系，渴望独立以及和伴侣保持安全的心理距离。而焦虑型依恋其实是渴望亲密关系的，因为他们在原生家庭中的需求时而被满足，时而不能被满足，自己想做的事情可能也总是被干扰，这令他们很困惑，经常认为自己被误解和不够被父母重视，感到悲伤和无助，于是他们更加依赖抚养人，并用哭闹等方式表达自己的抗议。长大后，他们极度渴望建立亲密关系，却总是担心自己在亲密关系中不能被满足，得不到对方的关心和照顾，害怕被拒绝和被抛弃，于是总是敏锐地感知着对方对自己的态度，一旦感觉到对方的变化就会担心是不是感情淡了，所以才会在感情中表现出草木皆兵的现象。

所以我们不难发现，焦虑型依恋的个体在和恋人的相处中，会经常因为琐碎的事情争吵，消磨着彼此的感情和耐心。既然焦虑依恋已经带来了这么多烦恼，那我们应该怎么办呢？就如我在给"回避型依恋"的同学回信中讲到的一样，依恋类型并不是一成不变的，会随着个人的经历和成长变化，那接下来我也会给你一些具体的建议，分享四种克服焦虑依赖的小方法：

首先，我们要对焦虑型依恋有一个正确的认识，焦虑作为一种情绪，也有它的功能，那就是帮助我们防患于未然，避免受到未来伤害的一种防御机制。当我们在亲密关系中突然感到焦虑的时候，首先我们要正视自己的感情，是不是真的发生了威胁我们感情的事情呢，所以才会让你忐忑不安？如果并没有突然的、重大的事件发生，只是时常处于不安之中，那么我们可能就要停止对感情的过度怀疑和猜测，因为过度的怀疑和猜测反而会破坏彼此之间的信任。

焦虑型依恋的人会放大消极事件的影响。有研究发现，焦虑型依恋对消极面孔和消极信息表现出过分的警惕，会调动更多的注意力，并且感到不安和愤怒。这说明，即使事情没那么严重，焦虑型依恋的人也会感受到强烈的威胁。比如当对方不回消息时，焦虑型依恋的人会幻想出无数种悲惨的可能，认为自己说的话不妥当，甚至自己哪张照片不够漂亮，对方就不再喜欢自己了，但真实的情况其实没有那么糟糕。

其次，焦虑型依恋的个体往往对另一半有一个非常理想的标准，一旦对方不满足这个标准，就会很容易感到失落和悲伤。比如，有些人希望自己的伴侣可以每天说早安、晚安，无数遍的"爱你"才能感觉到被爱，但伴侣可能是一个更倾向于用"做家务，准备礼物，接送下班"等行动而非言语表达爱的类型。所以很多时候只是表达方式不一样，我们却很容易会以为是不够爱。没有两个人可以用完全一致的方式表达感情，但我们却可以通过真诚的实实在在的沟通，理解彼此表达爱的方式，你可能会发现，原来早已畅游在爱的世界里了。

再次，当我们情绪爆发时，要尽量保持冷静，增加和伴侣的情感沟通。有研究发现，真诚的沟通和亲密的抚摸会缓解焦虑的情绪。当我们不安和恐惧的时候，试着把"你怎么总是这样"这种指责，换成讲述自己的感受——把带"你"的指责句式编成带"我"的感受表达，比如"我感觉很难过"。因为人们一旦听到带"你"的指责会自动开启自我防御的反抗机制，感觉自己被批评了，就不会想努力理解对方，只会在想如何反击。然而表达了自己的感受后，可以和伴侣靠得近一些，通过牵手、抚摸、温暖的拥抱都可以让彼此更加平和地沟通。相信在对方了解你的想法后，也会更理解你，并愿意和你一起积极地改变。

最后，焦虑的主要来源是不安全感，如果你想要获得一份浪漫的爱情，既需要追求亲密无间的勇气，又需要对另一半不会抛弃自己有信心。亲密关系中的这份安全感，除了来自恋人的陪伴和慰藉，更多的是我们对自己价值的认可。所以，我一直建议身边的小伙伴们，不管是不是在恋爱中，都应该一直丰富自己的生活，多元化自己的能力，让自己成为内心更加丰富和强大的个体。慢慢你会发现，花自然会开，你越来越自信。一个由内而外自信的你，不管在爱里，还是在寻找爱的过程中，都会由内而外地散发无比的魅力！

Rachel

别把最糟糕的脾气给最爱的人

亲爱的:

　　我们在工作和学习中难免会遇到烦心事,和对象倾诉也是常见的做法,但聊了几次之后,发现对方很反感,该怎么办呢?

　　这其实是很多人在亲密关系中非常容易遇到,也非常苦恼的一个问题。有的人苦恼是作为倾诉的一方,也有的人苦恼是被倾诉的一方。

　　针对这个问题,我想说的是,一方面,在亲密关系中,有倾诉的欲望,其实是非常正常的——毕竟,那几乎就是我们身边最亲近的人。健康的关系一定是彼此扶持、相互理解、分享情绪的。研究也发现,适当的自我暴露可以有效提升情侣间的亲近感和关系满意度,但这一定要建立在对方积极反馈的基础上。当然,另一方面,我们也要格外注意,不要把伴侣当成我们的"情绪垃圾桶",那样确实会对关系造成伤害。我们必须要意识到,当我们把负面的事件和情绪倾诉给伴侣时,我们是希望从伴侣那里获得什么呢?是宣泄、不吐不快,还是拉队友站队、寻求支持?还是真的累了,希望得到一点安慰?如果只是单纯的宣泄,把不好的心情都理所当然地丢给对方，那么，我们其实是在强势地向伴侣索取情绪价值，默认伴侣有义务全盘接收，有义务让自己"好起来"。但问题是，对方真的有这个责任吗？让自己处在融洽的状态中，难道不是我们自己的责任吗？

我们在讲情绪发展时，有很重要的一条，就是我们情绪成熟的其中一个标准就是对自己的经历和情绪负责。只有我们真正做到这一点，我们的伴侣才能没有负担地去倾听和支持，这样才能有助于我们和自己爱的人有一段更长久、更健康的关系。所以，我们不是不能倾诉，最重要的是要去觉察自己这么做背后的动机，并且尝试用恰当的方式告诉对方，我们倾诉背后的情感需求。比如，"我想听听你的看法"，"我只是希望你安慰安慰我"，诸如此类。得到伴侣的支持后，也别忘了和心爱的人说一声谢谢，或者表达一下，他的倾听令自己好受了很多。毕竟通过这样的积极反馈也能强化对方的行为。

我们很多人在亲密关系中都会有一个误区，"我们总是把最糟糕的脾气留给了最亲近的人"。尤其是在得到了很好的爱之后，我们会觉得特别有安全感，就开始肆无忌惮地展露自己最真实甚至是恶劣的一面，其实不应该是这样的。两个人能够相遇和相爱已经是一件非常不容易的事情了，但更难的是如何去维护和经营这段关系。这里有我很喜欢的一句话想要分享给你，"用最好的自己去对待最爱的人，而不是用最坏的自己去考验对方是否爱你"。

接下来再说第二个问题——这个问题其实我们之前见面的时候聊过，还记得吗？你说伴侣希望你能够为自己的未来多做考虑，而不是围绕着他,要暂时和你分开一年,让你觉得自己处于一个边界模糊的状况,不知道该如何改变。

当时我们提到过一个概念叫"极端共生"。在恋爱时,过度地把自己卷入对方的生活中,就进入了"极端共生"的状态,这是边界模糊的表现,是不利于发展良好的亲密关系的。如果你觉得你被说中了,没关系,千万别着急,学会觉察自己在一段关系中的状态,并尝试做出改变,这已经是迈出最重要的第一步了,已经非常棒了。

接下来我们需要去做的,就是尝试保持自己的独立性,在每一段关系中学会"自我分化",保持自我。所谓自我分化,它有两个维度。第一是在个人内心层面,我们能够去区分理智和感受。高分化水平的个体,不会完全被情绪左右。他既能够感受到自己的情绪冲动,又能够基于客观事实去评估和判断,这样他做出的很多决定才不会被情绪所裹挟。

第二是在人际关系层面,能同时处理好亲密性和独立性二者的关系,把自我从他人那里分化出来。当我们亲密性的欲望过于高的时候,就容易产生特别强的依恋倾向,在与他人的交往中有可能过度卷入,失去自我。所以,尝试提高自我分化水平,就是努力在关系中既能够坚持自我,又能够与他人建立联结,发展出一个安全的依恋模式。最简单的改变或许是,我们可以多问问自己,我的感受是什么?我的想法是什么?我在这段关系中想要的是什么?然后才能在关系中慢慢找到"自我"的位置。

最后我们再来说说"健康的恋爱关系"这个问题吧。到底什么是一段健康的恋爱关系呢?如果说,两个人彼此相互吸引是健康的恋爱关系,那如果遇到更能吸引自己的人该怎么办呢?比如,一个人因为颜值被对方吸引,那如果遇到更好看的人该怎么办?所以,维持一段关系靠的到底是什么呢?

把这个问题放到最后,也算是做一个总结。健康的亲密关系本质是什么呢?让我们一生都在追逐的所谓的"爱",又是什么呢?彼此吸引固然重要,但那只是漫漫恋爱路的一个开始。结合我们前面所说,恋爱的化学反应背后,是两个独立的个体互相创造经历与共同的美好回忆的过程。如果我们只讲"吸引",就忽略了"互动"。恋爱的本质,是一段关系;而关系的本质,其实是一种互动。

我们喜欢一个人,进入一段亲密关系,渴望的是在这段关系中有所收获。收获依恋、激情、联结,收获携手前行的承诺,收获一个更好的自己。有句话我还挺喜欢的,就是说,"我喜欢你,除了喜欢你,更是因为喜欢和你在一起时的自己"。所以,我觉得健康亲密关系中的互动不仅应该带来甜蜜的联结,而且还要能让两个相爱的人共同进步,这是其他偶尔的瞬间心动所比不上的,也是长久维持关系的本质。在学会充分爱自己的前提下,我们才能更好地去爱他人。

好了,不知道这封信能不能解答你的困惑。很感谢你的来信,你的问题也让我思考了很多以前没想过的问题。今天就先聊到这里吧,期待你的再次来信。

Rachel

如何应对冷暴力

亲爱的：

"冷暴力"这个话题，确实值得聊一聊。

首先，冷暴力是一种暴力吗？电影《无问西东》中，刘淑芬对自己冷暴力的丈夫许伯常控诉：外人只看到我打你骂你，可他们没看到你是怎么打的我！你不是用手打的我，是用你的态度！你对所有人如沐春风地和善，唯独对我熟视无睹。你让我觉得我是这个世界上最糟糕的人！最后刘淑芬受尽了丈夫的冷暴力，投井自杀。

一般我们说的冷暴力，指的是一种冷漠、疏远、轻视和漠不关心的行为，它其实是被归纳为"被动攻击行为"的。没经历过冷暴力的朋友可能会觉得冷暴力的一方都不说话，怎么攻击呢？事实上，爱的反面不是不爱，而是漠然。

研究指出，经常被冷漠对待、被忽视的人，他们报告的自尊心、归属感和生活的意义水平都是较低的；而在伴侣之中，"忽视"是最容易引起焦虑和抑郁的因素。冷暴力甚至在一些研究中被纳入"情感虐待"的范畴。

关于冷暴力对我们的伤害，身体其实也给了直接的答案。神经科学研究指出，即使是经历短暂的冷暴力，也会激活我们的前扣带皮层，也就是大脑中跟身体疼痛部分相关的脑区。无论是被陌生人、亲密的人甚至是敌人忽视和排斥，最初产生的疼痛感都是相同的。也就是说，冷暴力不仅对人际关系产生巨大的破坏性，而且对人的心理和身体健康都产生伤害。

那么，为什么有的人会不由自主地冷暴力呢？任凭对方说一万句"你倒是说话啊"，他好像还是无动于衷，一边说着"我没事""只是想静静"，一边拒人于千里之外，充满了无声的谴责和讨伐。而承受的一方呢，感到的是习得性无助，觉得自己没有价值，因此更加烦躁和暴怒。

当面对充满压力、焦虑或愤怒等情绪体验时，我们每个人都会有自己与这些情绪的相处方式。冷暴力是有些人选择了用自我防御来避开正面冲突，从而保护内心难以言说的脆弱、羞耻和痛苦的部分。这些人有的很可能以前在冲突中受到过惊吓和伤害，因此下意识地选择回避，避开可能的冲突。克制的时间长了，在面对压力和冲突的情境中，就更难表达情绪了。

说了这么多，不是想说冷暴力是一个不能改变的行为特质。恰恰相反，我们更深入地了解冷暴力的形成机制以后，才能更科学地正视这个问题，找到改变的方法。我也曾收到过冷暴力者的求助，他说自己情绪不好的时候很难进行自我表露，只想自己缩起来，对家人、伴侣甚至朋友动不动就使用了冷暴力。我当时分享给他一句话和一个技巧：

首先，这句话是"我现在可能不能和你交谈这些，但我们可以以后再谈"。这句话来自普渡大学的心理学教授基普林·威廉姆斯，他研究故意回避和排斥行为有二十多年了。那么这句话的魔力就在于，它把"交谈"当成一个未来可能的选项。

要求任何一个人一夜之间突然改变都是不现实的，但是我们可以给予一个缓冲。也许他听了我的建议，明白了冷暴力这种机制其实是一种对自己的防御，对身边亲爱之人的攻击，然后在下次遇到糟糕情绪的时候能够改变，那么，这句话就是一个很好的开端。承受无声的沉默的一方呢，会因为这句话，体会到他当时无法表达的处境，更好地理解他，而不是因为这样的局面而感觉绝望无助，或者愤怒暴躁。

而具体的应对技巧呢，我建议他要尝试觉察自己的情绪，在初期的时候，尤其关注自己身体上的反应，以及这些反应代表着什么。对有的冷暴力个体来说，有时候困难来自他难以区分对情绪的反应和自己心里的感受。

打个比方，"你这么做我真的很生气"这句话，对有些人来说难以直接说出口。但是，他能感受到那种拳头紧握、身体发抖的感觉。那么我会建议他记下这种感觉，下次观察到自己再有这种拳头紧握的行为时，问自己，我现在是不是像上次一样很愤怒呢？通过行为觉察自己的情绪，可以帮助情绪表达困难的个体避免负性情绪的积压，以及因而造成问题的恶性循环。

说到这，当你了解了冷暴力背后的机制后，可以先确认对方的冷暴力，初衷是不是因为自己过分害怕情感表达和沟通而产生的自我防御，目的并不是对你的攻击。

如果是这种情况，那么你就要做那个先把情绪表露的个体，把你的感受直接地表达出来。因为冷暴力的人还没有习得这种交流方式，可以由你来给他示范。

你可以说，"你一直这么不说话，我心里真的很难过"，或者"我觉得好像被你忽视了，就好像我在你眼中一点价值也没有"。

同时，这样示范式的自我表露可以给到对方更多安全感，反而会慢慢引导他尝试打开心扉。当我们把冷暴力造成的伤害摊开来，把那种伤人的情绪表达出来，对方就能对当下的行为和处境有更直接的认识。

当然，我不建议以央求、乞求的姿态回应冷暴力，那样可能会导致一种不利的情况：施加冷暴力的人通过这种行为获益，得到掌控感和操纵感，反倒会加剧这种行为的强化。我们把受伤的情绪讲出来，然后后退一步，给予对方一定的空间，也是让对方有机会"自己"走出那个冰冷的怪圈。

最后，如果你尝试了所有的努力，对方仍旧对你实施应接不暇的冷暴力，那么以你对我的风格的了解，肯定知道我的建议是什么了。好了，今天就先写到这里了。希望你们都能开开心心的，把千姿百态的经历，最终变为成长的能量。

Rachel

怎样面对"恋爱脑"

亲爱的:

　　刚开始看到"恋爱脑"这个词,我很好奇,大家定义中的"恋爱脑"到底指的是什么呢?这显然还不是一个心理学概念。我的第一反应是,"恋爱脑"可能是那种感觉自己被琼瑶阿姨洗脑了,谈了恋爱就觉得其他什么事情都不重要了。我为此还做了个小调查,发现大家提到的现象也都差不多:包括"脑子里只有恋爱""放弃生活""牺牲其他关系"等。不知道这里是不是包括你心中所说的"恋爱脑"呢?那我就先分享一下我的看法吧。

　　首先,我想给你介绍一个最近在临床心理学里新兴的,我觉得这是最类似的我们说的恋爱脑的这个概念,叫love addiction——恋爱成瘾。

　　这是一种对恋爱关系以及恋爱互动非常强烈的追求和依赖。就像烟民对烟、酒鬼对酒一样:这些恋爱成瘾的人在和恋人,或者哪怕暧昧对象互动的时候会体会到强烈的快乐,以至于特别上瘾,所以就会为了获得快乐更频繁地和恋人待在一起。

　　同时,在见不到恋人的其他时间,恋爱成瘾者又会像烟民在禁烟餐厅里一样坐立不安，只想赶紧出去抽根烟。他们但凡不能跟恋人互动，就觉得美食也不好吃了、游戏也不好玩了、购物也不香了、工作学习更无聊了，生活都灰暗了，只想赶紧回到恋人的怀抱里。

所以简单来说，狭义的、达到病理程度的恋爱成瘾表现包括：

1. 影响正常生活。
2. 无法享受正常的其他人际关系。
3. 对自己或他人有其他明显的负面影响。

作为一个一夫一妻制主导的物种，恋爱成瘾的脑回路根植于我们的生物本能之中：我们处理恋爱关系的脑区和奖赏学习以及成瘾的脑区有很大部分重叠。所以如果你觉得你的爱人让你实在难以自持，也不用过于自责，这也不全是你的错。

当然，正常的恋爱吸引和病态的恋爱成瘾还是有区别的：

一般的奖赏，在我们做出奖励行为后，大脑神经机制会让我们对奖赏的期望回到正常水平。比如说，你今天早上醒来很想你的男朋友，你就会给他发消息说"我好想你"，发完后你可能就会觉得好一些了，当他回复你一句"我也很想你"，你可能就觉得可以了，你对亲密的需要暂时被满足了，可以继续做事了，特别是可以正常地工作学习和社交了。

但一个比较病态的模式可能就是，你不光要给他发一句"我好想你"，他不回你还要接着发，一直不回你还要打电话，他的电话打不通就打他朋友的、同学的、同事的，找到他之后还得问他，不接电话不回复这段时间去干吗了，而打完电话你可能还有坐立不安很久，复盘一下，他不立即回你的无数个所谓的底层原因，包括是不是不喜欢你了，是不是工作比你重要了，等等，想着想着你更不想工作了……这样的一种状态，我觉得就是上面说的病态的恋爱上瘾。

说到这你可能会问，如果我就是恋爱脑了，那该怎么判断需不需要干预呢？我觉得，简单来说，是否要干预我们的"恋爱脑"，取决于这段关系有没有给我们造成实质上的伤害。比如因为恋爱脑造成我们自己的自尊心下降，每天只要不跟恋人互动就焦虑、抑郁、情绪起伏不定，学习工作都受到影响，甚至因为爱情上头，损害友情、亲情等。这种情况我觉得就必须要做点什么了。如果觉得没事啊，我就恋爱脑了，但是对我的学习工作社会功能起到的是促进作用，恋爱使我想让自己变成更好的自己，对我都是积极的影响，那我觉得这个就是个人选择了。你只要确定你对象能接住你的这些需求就可以了。

所以，我们接下来说的是针对前一种，就是如果恋爱脑给你带来负面影响，需要被干预了，该怎么办呢？

下面我想从临床研究的结论和我身边的真实案例两个方面分析。

临床上呢，目前有比较丰富的实证基础的治疗技术大多基于认知行为疗法。这些认知行为疗法的咨询师就认为，恋爱成瘾的根源在于患者认知的扭曲。我给大家举三个比较典型的认知错误的例子。

1. 比如这样的想法，"他今天不接我电话，之后就都不会理

我了",这叫作过度泛化的错误认知模式;

2.比如,"我觉得我绝对不能忍受跟他分手,不然我会伤心到死掉",这就是灾难化思维的错误认知模式;

3.再比如,"他不回我微信就是不爱我了,没有任何别的可能,就是不爱了",这是武断推论的错误认知模式。

以上种种错误的认知导致我们觉得自己必须时时刻刻依赖着恋爱,必须时刻把恋爱当作第一紧急的事件。因此,想要解决恋爱成瘾,就要通过实践去证伪,去扭转这些错误的认知。

比如,当你男朋友不接电话,你可以回想一下,那他之前有没有过接不到电话的时候呢?或者你别的朋友是不是也有错过他们自己女朋友电话的经历呢?后来两个人的关系就崩了吗?好像也并没有,对不对?

再比如,你真的不能接受分手的痛苦吗?上次分手最后好像也熬过来了。

除了通过这种证明之前的认知是错误的和被扭曲的,我们也要在行为上养成新的、更合适的反应。比如,在恋人下次没有秒回微信的时候,克制自己不发火,而是去感受焦虑从产生到平息的过程。这样循环几次直到自己对这个情境逐渐脱敏。

此外呢,我也想从我身边朋友的真实经历出发谈谈我自己的一些观察和思考。其实我身边很多朋友,我感觉他们都多多少少有些恋爱脑,比如有的跟男朋友时时刻刻都要沟通每天发生的一切,哪怕因为疫情见不到,也要通过腾讯会议一起共享屏幕看动画片,约好见面的时间快到了就开始坐立难安什么活都干不下去,等等。虽然这样,我也发现这中间有的人,他每次恋爱都恋爱脑,但是人家也取得了很厉害的个人成就。

所以,根据我的观察,这些既恋爱脑但正经事又什么都没耽误的朋友,往往具有两个特点:一个是他对自己的恋爱脑情况特别清楚,而且他们自己和伴侣通常都对此坦然接受。比如我的一个朋友就说过"我就是很需要谈恋爱的快乐啊,反正对方完全能接得住",所以这个朋友就可以在密集产生这种交流的需求后很坦诚地向伴侣寻求情感支持,得到满足后也会很快回到正常的工作生活状态。

另一个特点就是,这些朋友在知道自己恋爱脑可能产生的影响之后,会很有自知之明地在生活中做出一些预防和调整。比如有的朋友,她就是那种快到约会时间就开始坐不住的类型。所以她会提前和男朋友约好这一周里的约会日子,然后把更多的工作安排在这个日子的前一天,这样她在干活的时候,就一直激励自己:干完就能没包袱地去好好约会了。而实际上,最后在那一天真的效率奇高。所以,如果你真的是恋爱脑,我建议你也可以去想想,如何也让约会成为助力自己搞好事业的催化剂。

最后呢,我其实还想说:要爱得很快乐,首先要活得很漂亮。获得一个高质量的爱情,首先需要我们具有一个完善的人格。大量研究发现,一个人的情绪稳定性、宜人性等,都能够预测我们自身以及伴侣的关系满意度。因此,尽管良好的恋爱关系能够对个体起到一定的疗愈作用,但将自身的提升全部寄托于浪漫关系仍旧是一种不太现实的想法。

身边常常有学生跟我说：老师，我对爱情的想象就是遇到一个很好的人，然后我们一起学习、一起旅游、一起看展、一起做很多有意义的事，然后我就会变成一个更丰富更快乐的人。对此，我的建议一直是：我们何不先去学习、旅游、看展、做有意义的事，然后你自然就会在自我成长的路上遇到那个"可以陪你的人"，我觉得这才是更为健康的恋爱模式。

Rachel

如果爱得不到回应

亲爱的:

小时候看《流星花园》,我就特别喜欢花泽类,从看他追藤堂静到他喜欢上杉菜,我都被虐得不行。但我确实没有想过你说的这个问题:为什么在男女主在一起之后,男二花泽类还是会继续喜欢女主杉菜呢?是呀,这种无望的单恋,为什么会一直持续下去呢?

我们主动喜欢上一个人是很正常的,但为什么有些时候,我们明明已经被拒绝,或者一开始就能预料到没有任何希望,还是会继续喜欢这个人呢?

对于这个问题,心理学家们有很多解释,比如有些从进化角度思考的学者认为,我们一边会在进化上就偏好比自己更好的伴侣,但另一边恋爱又基本遵循等价原则,也就是说我们喜欢的人又会喜欢更优秀的人,所以就造成了各种单恋的链条。

另一些浪漫一点的学者会认为,如果我们没有在认识后的某个节点完成关系的质变,爱欲就会向柏拉图式友情转化,也就是成为我们平时说的"红颜知己""异性兄弟"。

还有"自我扩张"理论就认为，我们有向外扩展自我的动机，而喜欢别人就让我们和喜欢的人建立了感情上的联结，从而把这个人纳入自我的圈子里，形成了自我的扩张，因为这种扩张是我们自己的感觉主导的，所以并不一定需要对方的回应。

虽然我觉得这些解释都有一定道理，但好像也都没办法充分解释具体环境下我们的具体行为，比如像"我虽然喜欢他，但我们学校不许谈恋爱""我虽然喜欢他，但他明年就要出国了"这样受到大环境、小环境以及个人因素等作用产生的矛盾，这是定量研究很难去讨论清楚的。这可能也是我们当代主流科学研究方法解释恋爱问题的边界吧。

虽然我们不能解释每一种单恋分别具体是怎么产生的，但心理学研究已经证明，这种情感十分强烈，甚至已经影响到我们的神经层面。

首先，我们的大脑里存在对爱本身的奖励机制。

有脑成像研究发现，即使已经关系破裂，或者被所爱的人拒绝，如果我们对他的爱意仍然存在，那这个人的相关信息还是会激起我们大脑中一个叫腹侧被盖区，也就是VTA这个脑区的活动。

这个区域与我们对奖赏的渴望、情绪的调节，以及得失心等密不可分。最神奇的是，这些已经被抛弃的被试者在观看自己爱人照片时，他们VTA的活动，竟然和正在幸福热恋中的人看到自己恋人的照片，居然是一样的。也就是说，从神经层面来看，爱一个人，不管他有没有回应，爱他这件事看起来真的会成为我们骨子里的习惯，而这种习惯甚至不会被对方对我们的态度所影响。

其次，爱的感觉也会上瘾。

后来的研究者们也在这个研究的基础上进行了进一步探索，发现这种强烈的爱意发展到某个程度，其实和成瘾的脑机制会有些相像。

早在20世纪80年代，临床心理咨询师就记录了很多由于过度强烈的单相思影响正常生活而去寻求帮助的病例。2016年的研究也发现强烈的爱能够激活一系列多巴胺脑回路，而这些脑回路的激活模式和瘾君子吸毒、强迫症患者实施强迫行为的神经表现是高度类似的。也就是说，单恋看起来就是一种成瘾反应。

当爱意得不到回应时，人们会产生一系列消极情绪，浑身难受，然后就会想尽一切办法去得到一点回应，改变这种难受的状态，直到所爱之人的任何信息出现，我们的奖励系统就会被激活，让我们感到愉悦。这就解释了为什么有的人在单恋中越是得不到回应时，反而会更加用力地去喜欢自己的"白月光"。这就跟强迫行为和成瘾反应类似了。

最后再来说说失调的单恋。

爱情毕竟不是毒品，一般情况下，偷偷欣赏、爱慕一个人是完全无可厚非的。可是，一旦把握不住尺度，发展出失调的想法或者行为，干扰了自己或者他人正常的生活，单恋就变得很危险了。在处理不当的条件下，这种"无回报的爱"真的会伤害我们自己，因为研究发现，得不到回应的爱恋与个体的孤独感、社交问题、学业问题等困扰息息相关。

所以，我们一定要学会如果在不小心对对方一往而深了的时候，怎么与单恋和平共处。

理论上调节的方法大概有两种。

第一个就是我们可以转移注意力。根据自我扩张理论，对他人这种强烈的爱意，跟想要增加自己的知识、想要扩展自己的社交网络一样，都是一种自我扩张动机的表现。

所以呢，我们或许可以把这种对他人的爱慕化作自己进步的动力。比如假设你现在是一个高中生，特别喜欢你的同桌，觉得这个男孩子真的太博学了，好像天文地理无所不通。但出于种种考虑你不能和他在一起，那我可能就会建议你狠狠心，得不到他，你就变成他，就去读他读过的书，做他做过的题，把对聪明人的喜爱变成让自己变更聪明的动力。

另一个解决思路就是，在不影响学业和条件允许的情况下，索性付诸行动，争取把单恋扭转成双向奔赴。一段健康、高质量的亲密关系，对我们的个人成长也是有好处的，一段高质量的爱情，可以在青少年和大学阶段减少我们出现抑郁、焦虑这样内化问题的风险。当然这也要考虑具体的实际情况和所在的人生阶段，念书的时候，虽然爱情很甜，但一切还是要以学业为重。

Rachel

异地恋也没那么糟

亲爱的：

　　我也有过异地恋的经历。身边的很多小伙伴也会因为工作、学习等原因，和恋人即使在一个城市，也只能"同城异地"。当然，异地恋时，两个人只能借助手机沟通，不能浪漫约会，不能牵手拥抱，很难真切走入对方的生活。甚至有很多伙伴因为不友好的异地恋经历，错过了很好的另一半。关于异地恋和异地相处涉及的具体问题，我倒是有一些解决方法可以分享。

　　首先，心理学家通过大量的研究发现，异地恋并不像想象中的那么糟糕，亲密关系的满意度并不依赖于距离的远近，异地恋也可以拥有高质量的亲密关系。异地恋的情侣甚至会表现出对伴侣更多的爱以及更积极的回忆，还拥有着高质量的相处时间。这可能有两个原因：第一，异地恋的相处时间有限，两个人会更加珍惜共处的时光，把握每一次沟通机会；第二，异地恋会导致"蜜月效应"，定性研究发现，反复的分离和团聚，让异地恋个体的情绪有一种过山车的感觉，有强烈的兴奋和低谷，每次再面时，都以最饱满、热烈的感情和恋人相处。俗话说小别胜新婚，在这种"蜜月效应"的影响下,有效地提升了恋爱质量。所以,即使面对异地恋,你也不要灰心,只要相处方式对,异地恋甚至可以更甜蜜。

虽然物理上的距离不能阻碍亲密关系,但想经营好一段异地恋的确不容易。在不同的恋爱阶段,异地会带给恋人不同的危机:

在荷尔蒙高升的热恋期,异地的分割,会让两个人感受到无比失落,加速两个人平静的速度,让彼此开始怀疑最初的轰轰烈烈是否坚不可摧。在这个阶段的异地恋,急需解决安全感带来的感情信任危机。

而在本就存有矛盾的磨合期时,异地无疑是火上浇油,物理的距离、冰冷的手机、无法感受的温度都会让本就容易争吵的两个人,更难有效地联系,这个阶段的异地恋,急需解决沟通不对等带来的感情破裂的危机。

在相对平稳的成熟稳定期,异地会减少两个人的新奇体验,让彼此的状态趋于平静,但没有起伏的悸动很容易让彼此觉得从对方的生活中脱离了出去,这个阶段的异地恋,急需解决新奇褪去带来的感情淡化的危机。

其实,无论是否异地,亲密关系的种种危机都和我们的沟通方式、相处模式有关,只要调整步调,坦诚沟通,依旧可以找到同频的状态,接下来我有一些异地恋的相处建议,赶快准备小木本记下来。

异地恋相处中最重要的一点是加强沟通,加强沟通一共有四个方面。

第一，分享欲的表露是很容易让对方感受到被爱的。分享日常小事，经常和恋人分享一天中有趣或者悲伤的时刻，会让对方觉得我们希望与他共同经历这些事情。当我们遇见困难的时候，不要因为恋人不在身边就闭口不谈，带着这种独自承担的委屈很容易积累之后在其他时间爆发。而即使异地的他不能给到实质的帮助，仅仅是让我们感觉到被理解，也会给我们带来莫大的安慰和支持。当然，在这里我也想提醒你一点，因为异地恋不能在对方难过时给他一个温暖的拥抱，也很难通过电话让对方感受到你的情绪，所以，在恋人难过的时候，务必不要大篇幅地理性分析，这会给对方一种"你并不关心我情绪"的错觉。我们可以先倾听，然后和恋人一起吐槽，等他情绪缓和了以后，再给他一些建议。先解决情绪问题，建议才会更容易生效哦。

第二，让视频通话替代语音通话。有研究发现：视频通话、虚拟现实接触，比信件或音频电话更有优势。视频通话会提供更深入的自我暴露，增加有效的沟通，提供更多的信息，更能增强两个人的亲密度。所以，在条件允许的情况下，还是要多给恋人打视频电话的。要记得"视频大于语音大于文字"这条铁律。

第三，制造共同的浪漫记忆。虽然远程不能一起逛吃逛喝，但互联网可以帮助我们拥有美好的线上约会，一起下棋、打游戏，一起在线上唱歌、看电影、讲故事，甚至可以打开视频一起看看书，时不时讨论两句，这些活动不仅可以增加共同的美好时光，还可以在两个人没有那么多共同语言的时候，填补彼此空白的交流时间。

第四，吵架不可怕，冷战火葬场。吵架其实是一种沟通策略，让恋人快速了解彼此的需要，但冷战则会带给对方一种"你没那么重要"的错觉，进而激化两个人的矛盾，尤其在异地恋中，恋人的沟通成本本来就高，如果不主动解决问题，小问题更容易激化成大矛盾。不过，要警惕的是，在吵架时，千万不要因为生气就否认、批评对方这个人，而要针对具体的事件和行为。

除了最重要的加强沟通，异地的情侣还可以隔空制造一些小浪漫，比如在业余时间，为恋人亲手制作一件手工品；在恋人身体不舒服的时候，为他订一份暖心外卖；在有纪念意义的日子，为恋人提前预订一份小礼物。这种穿越时空的小惊喜，一定会为平淡的生活增加一份欣喜。

最后，身处异地恋的时候一定要找到自己的生活重心，如果一味地围着手机的消息，只会消耗自己的能量。我们无法改变距离，无法要求对方时刻陪伴我们，也做不到任何时刻想见面就见面，但在没有恋人陪伴的日子里，我们也可以过得很好，我们可以为自己制定目标，找到自己的兴趣爱好。虽然，恋人对我们很重要，却不是我们生活的全部，当我们找到自己的生活重心，照顾好自己的时候，才有足够的能力和精力去经营好这段恋爱。

异地恋是对感情的一次考验，是很多人恋爱的必经之路。既然相隔千里还是选择了他，就风雨无阻地坚信你们的感情吧！无论是相思的苦楚还是相见的喜悦，都会成为你们恋爱中一段难忘的经历。有句话说,"距离之于爱情,就像风之于火。它吹熄那些微弱的,它助长那些强烈的"。希望大家都能不畏异地,在这段时光里成长、独立,收获甜蜜的爱情。

Rachel

如何看待"恐恋""恐婚"

亲爱的：

好像每当有没那么幸福的婚姻新闻登上热搜时，"恐恋""恐婚"的话题就会被大家翻出来讨论。

热搜下面经常有这样的评论："又是恐婚的一天。"而且在这样的评论下面，还会有很多接力或点赞。透过网络这面镜子，我们不难看到，很多人对恋爱和结婚是感到恐惧的。他们可能和你一样，虽然想追求爱情，却又不敢恋爱；虽然想组建家庭，却又不敢结婚。那么今天我们就来好好聊一聊恐恋与恐婚这个话题。

首先，我非常支持你自由地选择恋爱或者不恋爱，结婚或者不结婚，也支持你本着宁缺毋滥的态度去选择亲密关系。但如果你发现自己是渴望爱情和婚姻，却总是患得患失，不敢恋爱的时候，就需要去觉察一下，识别这种恐惧背后的真正原因。在某种程度上，对恋爱或结婚的恐惧其实是一种自我防御机制，通过抗拒建立亲密关系，来保护自己不被爱情所伤。但是这种恐惧，也让我们很难拥有亲密的恋爱关系。就像两只刺猬，它们身上的护身刺，注定让它们很难靠近彼此。所以，带着这种恐惧和焦虑，我们也许能逃过恋爱和婚姻的苦,却也可能错失了追求爱情的甜。

我们对恋爱或者婚姻产生恐惧往往和这四点有关:

1. 害怕自己被感情伤害。

2. 过往经历和原生家庭的影响。

3. 对自己角色转变或个人能力的不认可。

4. 网络媒体中负面信息带给婚姻的不安感。

首先是害怕自己被感情伤害,也可以理解为自我保护。风险调节理论表明,在人际关系中,尤其在亲密关系中,人们必须先确定受到伤害或被利用的风险。两个人的关系越亲密,就越容易受到伤害和剥削。比如,我们在大街上被陌生人拒绝了,只会难过一会儿,但被自己亲近的人拒绝或者伤害的时候,往往是毁灭性的痛苦。也有神经科学证据表明,当刚刚失恋的个体回想自己的前任时,大脑躯体感觉区域的神经活动和承受实质的疼痛非常相似。

有时为了避免经历这种痛苦,只能选择保持情感距离。所以,我们在建立一段亲密关系前,不得不考虑这个人是不是可信的,会不会伤害我们。尤其当我们已经亲身经历了感情的痛苦时,为了避免受伤的风险,就会对另一半更加警惕,甚至是用冷漠的方式对待感情。但是,有研究发现,恋爱中过度的自我保护,也会让我们低估恋人对我们的承诺和感情,不信任另一半,从而无法建立高质量的亲密关系。

其次是个人成长经历和原生家庭,都会影响我们对未来恋爱和婚姻的态度和理解。一个人经历了受伤的恋情,或者从小到大总是看到父母争吵甚至打架,那么他对恋爱和婚姻的期待都会受影响。

再次是害怕转换角色,或者对自己能力的不认可。恋爱尤其是结婚,就代表着从孩子的角色转变成独当一面的大人角色——从丈夫、妻子再到爸爸、妈妈,很多人会对这种角色的大转变感到恐惧和不安,害怕自己不能胜任新的角色,也害怕不能给另一半温暖和幸福,或者是觉得自己在事业上还没有成就,担心自己的经济能力,无法让两个人或更多人过上富裕的生活。

最后是负面社会信息和网络媒体信息带给婚姻的不安全感。每当我们接触到一些冷暴力、离婚、家暴的新闻时,总会认为大多数人的恋爱或婚姻状态是不幸福的,其实这是一种代表性启发,人们在不确定的情况下,很容易通过得到的代表性的样本去推断总体,认为这些新闻事件就能代表所有人的恋爱状态。但其实平凡且幸福的爱情也有很多,只是不会被注意到,也不会出现在媒体中,所以我们不能只通过一些极端的事件,就给爱情贴上负面的标签。

那如何减少这些恐惧呢?

如果你对爱情的恐惧是因为对恋爱的不确定性,害怕被伤害的话,就要试着放下过度的自我保护,相信自己只要不恋爱脑,保持自我和清醒的认知,遇见不合适的人就及时止损,就不会被爱情重伤。

如果你的恐惧来自个人经历和原生家庭,那就要和过去慢慢和解,不要把父母或者曾经的恋人,投射到自己和现在的恋人身上，要坚信通过有效的沟通，相互的理解，是可以超越父母的关系和曾经糟糕的恋爱关系对以后的影响的。

如果你的恐惧是来自对自身能力的不认可，也不要一味地否认自己，找到适合自己的恋爱方式和生活方式才是最好的，不要一味地追求完美，以偏概全，忽视了自己的优点和潜能。对于经济能力等现实问题，不要过分自卑和焦虑，调整好目标和状态，过度的压力只会让人前行得更加辛苦。你只要踏踏实实地努力提升自己的能力，就无须担心耽误或者拖累对方。毕竟爱情是双向的选择，不要从一开始就否认自己，要主动地去追求自己喜欢的人和想要的生活。

如果你的恐惧来自负面的媒体信息，那就不要让这些代表性的新闻成为自己认识亲密关系的依据，这只是一部分人的恋爱状态，不能代表所有的爱情都会变成一场悲剧。我们可以吸取前车之鉴，但不能全盘否定自己对爱情和婚姻的判断。

最后还有一句话要和你分享：当我们能够跟随自己内心的需要，去选择恋爱或者不恋爱，结婚或者不结婚的时候，才是获得了真正的自由。不要恐惧建立一段亲密的情感连接，即使会受到伤害，也是一次美好的尝试。摆脱恐惧的枷锁，才是一种自由，放下防御的尖刀，才是一种勇气。

Rachel

远离恋爱中的"暗黑三人格"

亲爱的：

很多恋爱中的人都会为这样的问题纠结：当另一半让我们感到痛苦甚至受伤的时候，到底哪些值得原谅，哪些不能被原谅呢？但大部分人可能还不清楚，有时候在人格特质中，也能发现恋爱的危险信号。

在一次公开课中，我和大家介绍了恋爱中要及时止损的迹象，引发了热烈反响。不过你的问题稍有不同，要在关系进一步深入前早早避雷，可以通过了解这个人的人格特质，去判断他值不值得相处下去。

我要给你介绍的是一类人格特征，叫作暗黑人格三联征，这是对黑暗面人格的统称，包括马基雅维利主义、自恋人格和精神病态。

自恋人格和精神病态，你通过字面意思应该就可以猜测出基本含义，而马基雅维利主义会稍微难理解一些。其实这个命名来源于一个人名——马基雅维利，他是意大利的政治家和历史学家，以主张为达目的不择手段而著称于世，因此大家用他的名字代表自私自利的人格特质。

虽然"暗黑"两个字听起来有点炫酷,但如果你遇见了这类人,一定要学会及时止损,在意识到的时候就赶紧逃走,千万不要有"我想试试改变TA/拯救TA"的念头,否则,一定会尝遍爱情的苦。

你是怎么定义"渣男""渣女"这个概念的呢?恋爱中的"渣"往往有这么几个特点,包括不能真正地理解另一半、操纵对方的想法以及抛弃或背叛恋人。我也经常收到小伙伴们关于悲惨恋爱经历的诉苦,听完那些经历让人忍不住想问问这些"渣"到别人的人,"你心不会痛吗"?在这里,我很明确地告诉你,有些人的心真的不会痛,他们就是具有暗黑人格的特质的群体。

暗黑人格的特点正是缺乏同情心,情感冷漠,以及喜欢操纵、剥削他人。在恋爱中,他们往往会追求短期、高数量的恋爱,更容易背叛恋人,并且他们很双标,一旦恋人伤害到他们或者出现了竞争对手,他们会表现出更强烈的愤怒和嫉妒。看到这里,你会发现拥有暗黑人格特质的人,简直就是妥妥的"恋爱杀手",那他们为什么会有对象呢?因为就是这样的"恋爱杀手",却对异性有着巨大的吸引力。

在暗黑三人格中,自恋型人格、精神病态和马基雅维利主义,是独特但又相关的人格特征,他们的共同特征是冷漠无情和操纵行为。

其中自恋的人侧重于膨胀的自我,他们爱慕虚荣,追求权力感和自我价值感。而精神病态主要与侵略性、缺乏同理心和冲动有关,他们会表现出更多的反社会行为。而马基雅维利主义可以说是极端自私的近义词,他们缺乏同理心,常常剥削和操纵他人,唯利是图,只专注于自己的利益,对他人的感受不管不顾。

尽管听起来暗黑人格的特质并不具有吸引力,但有研究发现,暗黑人格的特质在某些社会背景下是有优势的,这些社会背景就包括择偶和两性之间的竞争。

例如,自恋特质者会为自己营造一个完美的公众形象,借此得到他人的高度评价和较高的社会地位。他们会通过宣传自己的资源和财富来吸引异性,并用自我推销的方式来超越同性的竞争者。

马基雅维利主义则是人际关系上的两面派,虽然看上去外向开朗但实际上并不真诚,因为他们表面的外向和开朗,也只不过是为了达成自己的目的罢了。他们善于操纵他人,爱慕虚荣,并且有滥交的倾向,通常还会粗鲁地贬低同性竞争者。

精神病态则擅长欺骗和剥削他人,会用诋毁、污蔑等欺骗性手段来战胜竞争者,例如散播同性竞争者的负面八卦。所以我们会发现,具有这些人格的人在使用"脏手段"打压竞争对手的时候基本不会有什么心理压力。

暗黑三人格很善于短期的恋爱策略,很容易在竞争者中脱颖而出。所以,喜欢上暗黑人格特质的人并不是你的错,而是我们很容易在恋爱早期,被一些假象蒙蔽了双眼。

既然了解了暗黑人格特质,认识到了暗黑人格在恋爱中的"杀伤力",有没有什么能够识别暗黑人格的小方法呢?接下来我会分享几点干货内容,请一定要擦亮眼睛。

第一,从细节入手,观察你的恋人有没有同理心。

在恋爱初期，每个人都会把自己最好的一面展现给对方，加上荷尔蒙的飙升，让我们很容易美化对方，很难发现恋人有什么问题。这时候，我们可以多观察恋人对待家人、朋友和陌生人的方式，来判断他是不是有同理心的人。

比如说，一个人对待服务人员的态度其实就很能说明问题。

我有一个学生给我讲过她的一个前任，在对待服务人员的时候总是一副趾高气扬、盛气凌人的样子。她虽然觉得心里有一些难受，但是对方对她很好，所以她也并没有多想。后来随着时间的推移，他的真面目就逐渐暴露了，她发现自己的恋人是一个两面派，在有求于她的时候就会对她特别好，但是在我的学生向他寻求帮助的时候便表现出自己的冷漠和疏离。这个在恋爱初期曾经很完美的恋人，实质上是一个非常自私和自恋的人，甚至最后还背叛了她。所以一定要记住：在判断一个人值不值得交往的时候，不止要看他对你好不好，更要看他对别人坏不坏。

第二，当你的情绪、思维，甚至人生轨迹，总是被他强烈影响的时候，小心被PUA。

如果你突然遇见一个刚刚认识，就能和你的一切都完美合拍的人的时候，你要先冷静下来，因为世界上没有完全一样的叶子，也很难有完全匹配的恋人，尤其在没有任何磨合的基础上。这时候你要先思考，他是不是在伪装成与你合拍的那个人？会不会这是他吸引你的一种套路？如果在一段时间的相处后，你发现自己开始完全按照他的需求、要求，或指示去做事情，那你就更要思考，自己是不是真的被操控了？一段好的恋爱一定是相互支持和理解，没有任何一方是完全的引领者，如果总是有一方无休止地妥协和退让，那一定是不正常的恋爱关系。这里我要多说一句，千万不要沉迷什么"我被男朋友养成了废物""我男友养我像养女儿"这样的爱情玄幻故事。要知道，从全面照顾你的生活到全权掌控你的人生，其实只差一道脆弱的道德门槛。

第三，不要相信鳄鱼的眼泪和空洞的承诺。

具有暗黑人格特质的人会追求短期的恋爱关系，他们的恋爱往往缺少亲密和承诺，只追求激情和刺激。但是，无论是自恋还是马基雅维利主义者，他们都擅长包装和伪装自己，他们往往有一个看似美好的外在形象，所以，当你的恋人不断地伤害你，又求得你的原谅，千万不要心软，也不要温存于曾经的浪漫，因为你无法判断他们到底是在自私地"保护"自己的利益，还是在真诚地悔过。一个为了挽回你不择手段的人，在伤害你时，也会是毫无底线的。千万不要相信这样的人画的大饼，如果他们真的在意你，在一开始就不会故意伤害你。

说了这么多，希望通过今天这封信，能够帮你了解如何在恋爱中保护自己，以及及时分辨和逃离不值得守护与陪伴的另一半。虽然具有暗黑人格特质的人还是少数的，大多数的恋人都会本着对自己和恋人认真负责的态度，但我们在川流不息的人海中，也会有遇人不淑的时候，不过没关系，我们总会在一次次的试错中学会爱，然后在最好的时刻遇见对的那个人。

Rachel

失恋了也没关系

亲爱的:

如果你还是拿不准自己是否已经放下前任,可以先做一下这份问卷,来评估一下你对前任的情感强烈程度。

《EX情感调查问卷》

五点计分,1=非常不同意~5=非常同意,"≥24分"="恋情强烈组","＜24分"="恋情冷淡组"。

我依然会经常想起TA。

TA的想法依然会毫无理由地出现在我的脑海中。

如果TA想和我复合,我会立刻结束现在的关系。

有时我不得不努力克制自己不去想TA。

有时候当我想到TA时,我依然会觉得心痛。

我依然爱着TA。

我依然做着有关TA的白日梦。

失去TA是我这辈子经历过的最糟糕的事。

如果高于24分,就说明你可能还爱着他,有比较强烈的感情；如果低于24分，就说明你可能已经下头了。

如果测试的结果高于24分，还没有"下头"，应该怎样做才能忘掉前任呢？

很多人会窝在家里，反复地翻看对方的社交媒体动态，没心思工作学习，反复回忆过往，尤其会陷入一种死循环，那就是：一会儿把过错归结到对方身上，试图说服自己对方很差劲，甚至和别人说对方坏话、想报复对方，一会儿又开始像过电影一样责怪自己很多细节做得不够好。这些做法不仅不会加快释怀的速度，甚至会让人越陷越深，因为踩了"思想抑制"的坑。

思想抑制是什么呢？

早在20世纪，心理学家邀请119位失恋的人，进行"对前任的思想抑制"实验，过程很复杂，简单解释一下结论就是：

当你越深陷回忆，就会越想念对方；

当你越是压抑自己不去想念对方，就会产生越强烈的情感反应。

这种现象主要发生在"恋情热烈组"，也就是说，除非已经坦然放下过去了，否则，抑制回忆不仅不能帮助你走出来，相反地，可能会让你陷入更深的痛苦深渊。

那么，帮我们走出失恋的正确做法是什么呢？

首先，我们要接受现实，短期内完全放下一个人是不可能的，有研究发现，恋爱时激活的脑区，在失恋18个月后才会基本消除关联反应。

其次，当我们想起和对方有关的回忆时，要接纳自己脑海中的各种念头,不要刻意压制它,尽量做到不评判。拥抱这些不可避免的负面情绪,最主要的是做到不责怪自己。

最后,主动断联。如果你在看到对方的动态,或者继续那些似有非无、不痛不痒的短暂交流时会更加伤心,就有必要和前任彻底保持距离,包括不再关注对方的社交网络。我知道这说起来容易,做起来难,毕竟重新投入前任怀抱是解决分手痛苦最简单粗暴的办法。但现实是,这样做只会得到短时间的安慰,实质问题会依然存在,只是把不可避免的分离推迟了而已,并且,如果反复地去寻求这种短暂的安慰,可能会让你产生抑郁类的情感障碍。

然后,还有很多人在分手后会觉得自己很糟糕,把分手的原因全部归结到自己身上。事实也并不是这样,一段关系的破裂是两个人共同作用的结果,所以,你可以尝试连续几天花几分钟的时间,写下自己在这段关系中获得的成长以及积极的事情。

如果你能主动关注一件事情带来的正面影响,那么你的积极感受就会增加。你有可能会感觉自己更坚强、更明智、更满足了。完全否认一段关系的意义,意味着否定了曾经付出的努力和爱,只有当我们赋予这段关系正向意义,才可以治愈这段关系。对这个观点我特别认同。所以,客观冷静地认识到自己的成长,有助于让我们释然。

当然,在刚刚失恋过后总会有一段非常无助和崩溃的时刻,在这种创伤时刻,你也可以试试我们之前在信里面聊过的"自我慈悲"的方法,像对待自己最好的朋友一样陪伴和鼓励自己,帮助自己慢慢走出来。

看到这里，如果你感觉稍微平复了一些，我想再跟你分享一下"失恋之痛"的原理，说不定对你走出失恋也有帮助。

"失恋"往往会和"心痛""心碎"联系在一起，心理学家发现，失恋带给我们的，不仅仅是情感上的"痛"，而且也是实实在在的"生理痛"。

在一项实验中，研究者通过扫描40名刚刚失恋的被试的大脑，让他们一边看着前任的照片，一边想着和分手相关的事，结果发现，当他们盯着照片看时，大脑中和身体疼痛相关的脑区被激活了。

这说明，分手带来的情感疼痛和身体上的物理疼痛的神经通路是相通的。所以，如果你在刚刚的问卷中得分越高，那么你感受到的生理痛就可能越强烈。

为了进一步证实分手疼痛和身体疼痛的重叠性，研究者采取了一个非常直接的方式，那就是让正在经历分手痛苦的人吃止痛药，从而观察药物会不会缓解身体上的痛感。结果发现，他们在连续服用三周止痛药以后，每天感受到的受伤感和疼痛感都明显减少了。

所以，失恋带来的痛苦不只是情绪上的，而是全方位的。

这里需要提醒你特别注意，上面的这段描述只是实验测试结果，千万不要在非临床环境下擅自用药。

最后，希望这里的方法对你有用，也希望你看了这章的内容，可以告诉自己，"我爱上他花了一段时间，那么我想要彻底忘了他，可能也会花上一段时间"。不要强迫自己，按照上面的方法，让自己从过去的关系中走出来，并且因此成长。

Rachel

像爱最好的朋友一样爱自己

亲爱的：

恋爱之前一切安好，恋爱之后却觉得自己哪儿都不好、各种不自信，被另一半也说有这样那样的问题，总是问该怎么改正。

在我看来，这种让自我感觉变差、觉得对不起对方的关系，就是最糟糕的关系，这中间必然存在着对方隐性的否定和操纵。那如果感觉自己被操纵了，我们该怎么办。

你可能会觉得，只要我不谈恋爱了，心理操纵就不会找上我，但其实这种因噎废食并没有用。一方面，除了亲密关系，心理操纵还可能发生在很多其他的关系中。比如，在家庭生活中，我们自己的研究中也发现很多父母操纵孩子的方式，比如说"你再不听我的话，我就不爱你了"，这叫威胁撤回关爱；再比如说，"我为了你放弃了自己的事业和各种机会，所以你要听话"，这叫诱发孩子的内疚感。这些都是家庭中的心理操纵的方法，目的就是使孩子的思想和行为跟自己的一致，也就是所谓的让孩子听话。所以不只是在恋爱关系里才会被操纵，回避恋爱也并不能帮你回避伤害。

而另一方面，爱情本身应该是件美好的事情，就像有毒的亲密关系会伤害我们一样，健康的亲密关系也可以滋养我们，让我们成为更好的自己。因此，通过回避亲密关系躲避心理操纵，是既不合理，也没必要的。

既然回避不是一个好办法，我们又该如何抵御他人的操纵呢？

第一步就是识别，这是挣脱有毒关系的前提。如果你和一个人在一起后，变得越发不自信，自尊水平逐日下降，那就要试着摆脱这段关系。当在空间上和日常生活中和这个人拉开了一定距离后，你就给自己创设了一个安全环境，让自己可以进行情感上的戒断。

这一步并不容易，因为你需要对抗自己已经形成的、信任对方的习惯，转而重新尝试自己感受、自己思考、自己判断。这和一个摔断了腿的人摆脱轮椅重新走路的过程是一样的。重新站起来、依靠自己的力量行走可能是充满挑战的。在这个复建过程中，我们甚至会想"我可能永远也没办法很利落地走路了，我需要继续使用我的轮椅"。

所以，我们需要给自己的内心建起一道新的城墙。每当你对自己产生怀疑和动摇时，如果你和真正支持你、能够温暖你的朋友、家人在一起，他们会倾听你的经历，理解你的感受，肯定你的个人价值。这些都可以帮你逐渐截断被操纵的关系。

但很多情况下并不是每个人都这么幸运，能被这种靠谱亲友包围，而且在很多情况下，让我们感觉被操纵的人可能就是我们的父母或朋友。所以在这种情况下，我们需要做自己的良师益友，也就是做好自我慈悲。

自我慈悲并不是说要顾影自怜，觉得自己是全世界最可怜的人，也不是说要在早上起来，说一句"我要开始爱自己了！我是最棒的！"自我慈悲不是喊喊口号就可以完成的，它需要我们通过一系列的认知练习，将这种观念刻进自己的基因里。下面就给你介绍一个最简单的自我慈悲练习。

这个练习的名字叫"我对朋友怎么说"。

开始之前，拿出一张纸，把纸折成两半。

首先，回忆一个恋爱中的，让自己不自信的事情。

然后写下第一个问题：如果你最好的朋友遇到这个事情，感到特别沮丧，开始怀疑自己，你会跟他说什么？把答案写在对应的位置上。

接下来在右边写下第二个问题：如果是你自己遇到同样的情况，你会对自己说些什么？同样把答案写在对应的位置上。

写好之后，对比一下左右两边的答案。你有注意到什么不同吗？在以往的练习中，我们经常发现，大家给最好朋友写的，都是"没关系""这不是你的错""一切都会好的"等一系列很温暖的、充满鼓励和爱的语言。而大家写给自己的，通常都是像"遇到这个问题都是我不够优秀""我太糟糕了""肯定被讨厌了"这样自我否定的话。

所以，如果你的两边答案差别也如此之大，那么请问问自己，是什么因素导致你对待自己和对自己最好的朋友如此不同呢？

最后，尝试一下用左边格子里的话，就是你会对最好朋友说的话来回应自己，你会感到有什么不一样吗？你可以把自己的感受记录下来。如果你觉得还是说服不了自己，就大声读出来。

通过这个练习，我想要告诉你，想要变得足够强大，抵御心理操纵，一个简单方法就是启动这个建立自我慈悲的黄金法则，这个法则就是，像对待自己最好的朋友一样，对待自己！

除了恋爱中，我也建议你在遇到挑战时可以重复做这个练习。如果你能够找到一个安静的空间和时间沉浸式地练习，效果就更好了。

如果伴侣让你觉得配不上他，该怎么办？我的答案很简单，你们都在一起了，那你就全天下最配！有任何问题都可以沟通解决，但如果对方觉得你这个人配不上的话，那是他的问题。如果他还想让你也这么觉得，那请你头也不回地赶紧跑。可能会有点极端，但我宁愿你是一个快乐的普普通通的女生，也不希望你困于自我否定。

要记住，你和你的灵魂绝不比任何人低贱，你必须坚定不移地爱自己，这是你爱任何人的前提。

Rachel

后记

选择适合自己的心理咨询师

在心理学领域的众多分支当中，随着人们越来越重视心理健康，临床心理学和咨询心理学也逐渐被大众所熟知和喜爱。

简单来说，心理咨询就是心理咨询师通过运用心理学相关的专业知识，以主要但不限于谈话的形式，来辅助人们应对和解决心理健康方面的困扰。科学研究表明，咨询师和来访者建立的关系会直接影响到咨询的效果。

举个简单的例子来说，就像谈恋爱、寻找伴侣一样，找心理咨询师也需要找到最适合自己的那一个。如果不小心遇到了一个不适合的咨询师，那么心理咨询非但不能帮到自己，反而可能会起到反作用呢。因此"适合"是至关重要的。判断某位咨询师是否真的适合自己，可以从以下方面来看。

第一点就是咨询师的身份背景。所谓身份背景，具体就是指性别、种族、年龄等方面的身份属性。咨询师的这些身份属性，会直接或者间接地影响到咨询者和来访者之间关系的建立，从而影响咨询的效果。

比如，小A是一个女生，她一直以来都很害怕和异性接触。

这一点让她自己也感到非常困扰。于是，她就想要通过心理咨询来解决这个问题。在这个案例中，因为小A本身主诉的问题就是和异性接触有很大的恐惧，所以，如果让一位男性咨询师和小A一起工作，很有可能会在咨询过程中进一步触发小A的恐惧，非但不能从心理咨询中得到帮助，反而还可能受到伤害。

当然了，这是一种比较极端的情况。在大多数情况下，来访者的确会有自己的偏好和想法，我们可以通过这个例子来了解咨询师身份背景和来访者匹配问题的重要性。比如，有的人想要听取一些年长者的建议，有的人更习惯于和女性交流，诸如此类。咨询前，我们当然可以有自己对这些属性的明确需求。因此，在预约咨询师的时候，如果发现自己在这一方面有明确的偏好，可以在预约时提出自己的需求，增加匹配到适合的咨询师的概率。

第二点概括来说就是咨询师的专业背景，这一点也至关重要。包括咨询师的培训经历、工作经历等。目前，国内对于咨询师的培训主要是相关的硕士项目，以及短程或长程的继续教育类课程，这些可以作为判断咨询师胜任力的一些参考。

同样可以作为参考的还有咨询师的工作经历，主要包括咨询师接待过的来访小时数，以及从业的机构类型等。一般来说，接待来访小时数越高的咨询师相对是更有经验的。但需要注意的是，这并不意味着小时数越高的咨询师越适合自己，还是需要结合其他方面的因素综合判断。咨询师的从业机构类型能够反映咨询师主要的工作人群，比如，如果咨询师曾在高校心理咨询中心工作，那么他的工作人群主要就是大学生；如果咨询师曾在企业EAP项目工作，那么他的主要工作对象就是企业的在职员工。同样地，即使自身情况和咨询师既往工作当中接触的人群有所不同，也并不代表这位咨询师就一定不适合自己，依然是需要综合考虑的。

第三点就是咨询师偏向的理论流派。咨询师的理论流派决定了咨询师在工作中所应用的理论模型，不同流派的咨询师在面对同一个来访者的同一句话，可能会给截然不同的提问或反馈，从而影响到整个咨询谈话的走向，最终达到的效果也很有可能因此不同。目前国内比较主流的流派包括精神分析流派、心理动力学流派、认知行为流派、焦点解决流派等。简单来说，精神分析和心理动力类更关注理解来访者过去的成长经历，认知行为类更倾向于探索非理性思维对行为和情绪的影响，焦点解决类则更加关注结果导向，聚焦于解决方案。还有很多其他的理论流派，而且每一个流派都涉及大量的专业知识，在这里就不一一地详细介绍了，感兴趣的小伙伴可以自行查阅相关书籍和文献。在对理论流派有了一定了解后，大家在预约咨询师时，就可以根据自己的困扰以及需求选择相应流派的咨询师了，这样也可以提高找到最适合自己的咨询师的概率。

此外，咨询的费用其实是很重要的一个考量方面。国内目前来说只有学校里的心理咨询服务是免费的，社会上的心理咨询资源基本上都是要自费的，并且除了医院的心理咨询服务以外，绝大部分都是不能通过医保报销的，加上心理咨询又是一个循序渐进的过程，仅仅做一两次很难有明显的效果。因此，咨询费用也是一个必须考虑的因素。

我们简单地做了一个小调研，在某个预约心理咨询服务的小程序中，咨询的单次费用大概的范围是100—3000元人民币不等。越资深的咨询师收费就会越高。而根据咨询机构设置、咨询师流派，以及我们自身需求的不同，所需要的咨询次数也会有很大区别，少到有的号称仅一次就能够解决问题，多则能够持续数年，甚至更久。因此具体次数需要和咨询师讨论确定。所以大家在选择咨询师时，除了要考虑咨询师的背景情况以外，也要根据自身的经济条件，综合判断。

好了，以上提到的内容希望能够帮助大家在寻找咨询师时提高成功匹配的概率，但是最终咨询师是否适合自己，还是要以实际的咨询体验为准。相信小马过河的故事大家都听过，想要知道水的深浅，只有自己试过之后才能知道，心理咨询也是同样的道理。而也恰恰因为是这样，在心理咨询中，来访者更换咨询师，以及咨询师提出转介来访者都是很常见的现象。因此，如果在某次心理咨询中感到不舒服，一定要在咨询中提出来，和咨询师讨论，即使提出更换咨询师，也不需要有任何的心理压力，要记住，你随时有权利选择是否终止这段咨访关系。

以上就是我对于"如何选择适合自己的咨询师"给出的一些建议，希望能够帮助到有需要的小伙伴们。

在实际的心理咨询中，尽管我们的目标一定是带来积极的改变和提升，但遗憾的是，实际的咨询体验会非常地因人而异，有的人能够通过心理咨询"脱胎换骨",精神面貌焕然一新,可对于有些人来说心理咨询非但不能有所帮助,反而会对他们造成二次伤害。这种伤害既可能是因为所讨论的议题,或者事件本身对于来访者是有创伤性的,也可能是由于咨询师专业能力上的不足而造成的。前者一定程度上来说,属于治疗的一部分,是不可避免的,也是暂时的,是我们实现成长的必然阶段;但后者则更多是咨询师在咨询中没有严格地遵守伦理规范,导致来访者的咨询体验很差,甚至感觉被利用或者受到伤害。而想要避免这种情况,就需要我们分辨咨询师的行为是否符合伦理道德,这样才能在咨询师做出不恰当的行为时,及时察觉并终止咨询关系,保护自己。所以,接下来我们再聊一聊,咨询师在咨询过程中究竟应该遵守哪些伦理规范,以及哪些行为是咨询师的"红线"。

目前,我国心理咨询从业者需要遵守的条例主要是《中华人民共和国精神卫生法》和《中国心理学会临床与咨询心理学工作伦理守则(第2版)》。前者是从法律层面规定了精神卫生领域的相关部门和从业人员的职责划分以及法律责任,而后者就是我们常说的心理咨询行业的伦理道德规范了。接下来,我们就来分别解读一下这两个文件。

首先,因为《中华人民共和国精神卫生法》涵盖了所有精神卫生相关的部门和组织,内容比较全面,因此在这里我们只了解一下和心理咨询行业直接相关的条例。

其实和心理咨询直接相关的条例只明确了一件事,那就是第二章第二十三条,它规定了心理咨询人员不能从事精神障碍的诊断以及临床治疗，比如开药等。因此如果一个咨询师在和你聊过之后，直接像医生那样告诉你得了什么什么症（比如抑郁症、强迫症等）并给你开药，包括西药、中药，甚至"保健品"，而他又不具备医学背景和资质，那么他的这个行为其实是违法的。我们在做心理咨询的过程中，一旦你的咨询师给出了任何诊断或者药物使用方面的建议，我们要知道这是一种违法的行为，不要盲目相信。

在了解完法律的相关规定后，我们就来详细了解一下心理咨询行业的伦理规范。这个伦理守则一共分为十个部分，限于篇幅的原因我们同样只具体地讲一讲每个部分中和来访者相关的条例。

在第一部分中，规范了咨询师和来访者之间的关系，我们可以按照条例顺序总结一下，看看咨询关系的伦理规范大概包括哪些方面：

1. 不得歧视来访者；
2. 尽量避免伤害来访者；
3. 收费提前告知；
4. 不得以其他方式获取报酬（实物、劳动服务等）；
5. 不灌输价值观、不替来访者做决定；
6. 不得利用咨询关系牟利；
7. 尽量避免多重关系（发展除"咨询师—来访者"以外的关系）。

这里提到的"多重关系"是现实中时有发生的情况。所谓多重关系，就是指两个人不止有一种关系。而在这之中，两个人既是咨询师和来访者的关系，又是恋人关系的情况尤为需要注意。由于心理咨询的特殊性，来访者很容易对咨询师产生好感和信任，打开心扉并得到认同和支持。这些积极的情绪体验很容易发展成为喜欢。因此咨询师在工作过程中，需要特别注意把握关系的边界。如果咨询师放任这种情感的发展，甚至和来访者谈起了恋爱，会让两个人的关系变得非常复杂，甚至危险，这也是为什么伦理规范要规定，咨询师在结束咨询关系后的三年内都不能与来访者发展任何亲密关系。极小部分道德低下的咨询师可能会借由职业身份，主动诱导来访者与之发生关系。因此，作为来访者一定要保持警惕，在察觉到危险的信号后立即终止咨询关系，并向相关机构举报和反映情况，避免出现更多的受害者。而如果大家在咨询过程中感到，并表达了对咨询师的爱慕，但遭到了对方的拒绝，也请大家理解，这并不意味着对方讨厌你、对你毫无兴趣或者什么。相反，正是他的职业道德让他不能冒着伤害你的风险，做出这样的选择。

第二点，是关于知情同意的部分。概括来说，就是来访者有权利知道咨询师的专业背景以及咨询设置，包括咨询师的工作资质、理论取向，咨询过程的周期和咨询目标等。此外，值得注意的是，如果咨询师需要对咨询过程进行录音录像，也一定要经过来访者的同意，也就是说来访者是有权利拒绝录音录像的。

这其实也涉及第三点，就是保密原则。除了涉及伤害自己或者他人的风险，以及未成年人被侵犯或虐待的情况外，咨询师都是需要对谈话内容保密的。如果存在上述原因，咨询师需要将部分咨询内容告知他人，也是需要告知来访者的。举个例子，比如小A是成年人，因为和父母产生矛盾来做心理咨询。咨询师在了解了情况之后，想要帮助小A更好地和父母沟通，解决矛盾，于是就在没有得到小A同意的情况下，擅自联系了小A的父母，告知情况。在这个案例中，因为不存在自伤或他伤风险，以及其他需要突破保密协议的条件，无论咨询师是否出于好心，也无论这个行为是否对解决问题有帮助，咨询师在未告知来访者的情况下，把咨询内容告诉了其他人的行为都是违反了伦理的。

最后总结一下，如果你的咨询师有以下任意一种或多种行为，那么一定要警惕起来，保护好自己：

1. 咨询师给你诊断并开药；
2. 咨询师想要和你发展咨询以外的关系，并用私人方式联系你；
3. 咨询师擅自录音录像；
4. 咨询师在未经你允许的情况下把你们的谈话内容告知其他人；
5. 咨询师在咨询过程中贬低、否定、辱骂或者歧视你。

如果你遇到以上的这些行为，表明这个咨询师的工作已经违背了伦理规范，建议及时和相关机构反映，并考虑终止咨询关系，必要时也可通过法律武器来维护自己的权益。

最后我还想说，心理咨询其实是一种服务，小伙伴们完全无须担心，把接受心理咨询和干预看成一件需要藏着掖着或者不光彩的事，可以把它想象成是一种精神按摩，我们有权利在身心需要调整的情况下寻求这种服务和支持，让自己更加开心和明朗起来。

（正文完）

越来越喜欢现在的自己

作者_韩卓

产品经理_赵鹏　　装帧设计_山葵栗　　产品总监_陈亮
技术编辑_丁占旭　　责任印制_刘淼　　出品人_**李静**

果麦
www.guomai.cn

以 微 小 的 力 量 推 动 文 明

图书在版编目（CIP）数据

越来越喜欢现在的自己 / 韩卓著 . — 济南：山东画报出版社，2023.11

ISBN 978-7-5474-4613-3

Ⅰ.①越… Ⅱ.①韩… Ⅲ.①心理学—青年读物 Ⅳ.① B84-49

中国国家版本馆 CIP 数据核字 (2023) 第 200704 号

YUE LAI YUE XIHUAN XIANZAI DE ZIJI
越来越喜欢现在的自己
韩卓 著

责任编辑	刘 丛
装帧设计	山葵栗

主管单位	山东出版传媒股份有限公司
出版发行	山东画报出版社
社　　址	济南市市中区舜耕路 517 号　邮编 250003
电　　话	总编室（0531）82098472
	市场部（0531）82098479
网　　址	http://www.hbcbs.com.cn
电子邮箱	hbcb@sdpress.com.cn
印　　刷	天津丰富彩艺印刷有限公司
规　　格	145毫米×210毫米　32开
	5.75印张　130千字
版　　次	2023年11月第1版
印　　次	2023年11月第1次印刷
印　　数	1—14 000
书　　号	ISBN 978-7-5474-4613-3
定　　价	39.80元